ちくま学芸文庫

植物一日一題

牧野富太郎

筑摩書房

目次

植物一日一題

扉題字　著者筆

序文に代う

一日一題禿筆を呵し、百日百題凡書成る、書成って再閲又三閲、瓦礫の文章菲才を恥ず。

昭和二十一年八月十七日より稿し初め、一日に必ず一題を草し、これを百日欠かさず連綿として続け、終に百日目に百題を了えた。

昭和二十八年二月

結網学人

牧野富太郎識るす

馬鈴薯とジャガイモ

ジャガタライモ、すなわちジャガイモ（Solanum tuberosum *L.*）を馬鈴薯ではないと明瞭に理解している人は極めて小数で、大抵の人、否な一流の学者でさえも馬鈴薯をジャガイモだと思っているのが普通であるから、この馬鈴薯の文字が都鄙を通じて汎濫している。が、しかしジャガイモに馬鈴薯の文字を用うるのは大変な間違いで、ジャガイモは断じて馬鈴薯そのものではないことは最も明白かつ確乎たる事実である。こんな間違った名を日常平気で使っているのはおろかな話で、これこそ日本文化の恥辱でなくてなんであろう。

昔といっても文化五年（1808）の徳川時代に小野蘭山《おのらんざん》という本草学者がいて、ジャガタライモを馬鈴薯であるといいはじめてから以来、今日にいたるまでほとんど誰もこれを否定する者がなく、ジャガタライモは馬鈴薯、馬鈴薯はジャガタライモだとしてこれを口にし、また書物や雑誌などに書き、これをそう肯定しているのが常識となっているが、それは大きな間違いであって、馬鈴薯はけっしてジャガタライモではないぞと今日大声で疾呼し喝破したのは私であったが、しかし蘭山がジャガタライモを馬鈴薯だといった後五年しての文化十年（1813）に大槻玄沢《おおつきげんたく》は、この蘭山の考えている馬鈴薯をジャガタライモの漢名とするの説を疑い、これを栗本丹洲《くりもとたんしゅう》に質問したが丹洲もまたその説を疑ったということが白井《しらい》光太郎《みつたろう》博士の『改訂増補日本博物学年表』に出ている。

元来馬鈴薯というものは中国の福建省中の一地方に産する一植物の名で、それが『松《しょう》渓県志《けいけんし》』（松渓県は福建省地方の地名）と題する書物に僅かに載っているが、それがどんな植物であるのかは中国人でさえもこれを知らず、またかろうじての右の県志のほか、ありとあらゆる中国の文献には敢て一つもこれが出ていない。すなわち得体の分らぬ一辺境の中国土産の品で、中国人でさえも一向に知らないオブスキュアの植物である。

しかるにジャガタライモは元来外国産、すなわち南アメリカのアンデス地方の原産のもので、四三三年前の西暦一五六五年に初めて欧州に入り、後ち欧州から東洋に持ち来たされ、ついに我が日本におけると同様に中国にも入りこんだものである。この事実からみても、それが元来の中国植物である馬鈴薯ではあり得ない理屈ではないか。そして中国人はこの外来植物に対して適切な新命名の洋芋（洋とは海外から来た渡り者を意味する）あるいは荷蘭薯（オランダイモの意）などと称えていて、けっしてこれを馬鈴薯などと間違った名では呼んでいない。その間違いを敢てしているものはひとり日本人だけである。これはちょうど馬を指して鹿だといい、人を指して猿だといっているようなものであるから、この馬鈴薯をジャガイモと呼ぶことは躊躇なく早速に廃すべく、したがって馬鈴薯の名は即刻放逐すべきものだ。

さて馬鈴薯そのものの形状は、上の『松渓県志』によれば、

馬鈴薯ハ葉ハ樹ニ依テ生ズ、之レヲ掘リ取レバ形チニ小大アリテ略ボ鈴子ノ如シ、色ハ黒クシテ円ク、味ハ苦甘シ（漢文）

と書いてあるにすぎない。今この文についてみると、馬鈴薯なるものは一つの蔓草で樹木に攀じのぼり、その根を掘ってみると根に大小があって、その形がほぼ鈴のように円く、そしてその色が黒くてその味は苦甘いものだというだけで、その葉の形状もその花の様子

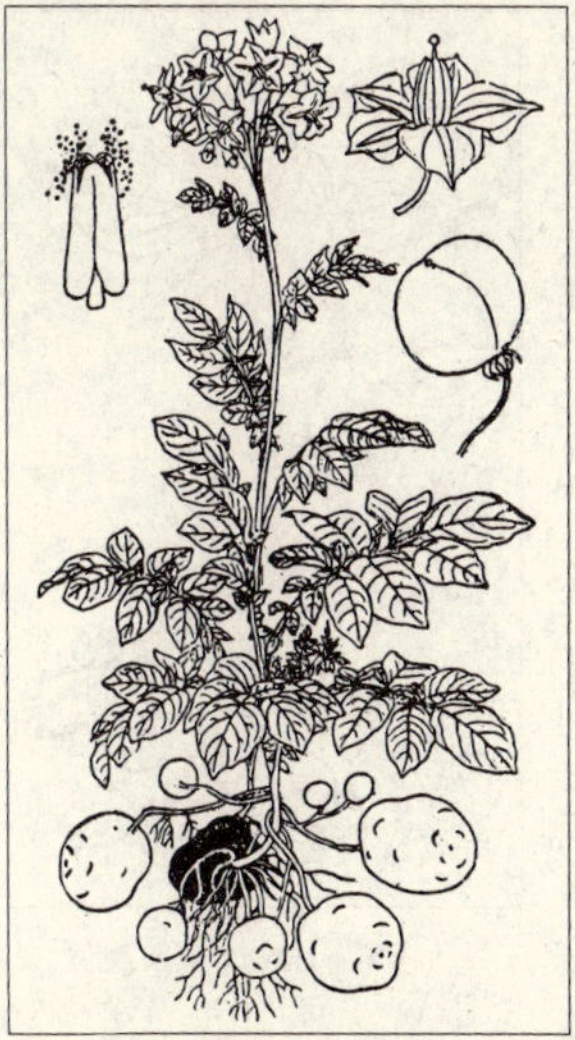

ジャガイモ（Solanum tuberosum *L.*）

もいっさい不明であるが、小野蘭山はこの漫然たる疎漏至極な文に基づいてその馬鈴薯をジャガタライモだとよくも言えたものだ。ジャガイモの茎は誰でも知っているようにけっして樹木に攀じのぼるような蔓ではなく、またその薯は黒色ではなく、また味も苦甘いものではない。だから馬鈴薯の草状は少しもジャガタライモの形状とは一致していない。世人は上の蘭山の謬説に惑わされてほとんど皆が盲となっているのはまことに笑止千万なことで、そのおめでたさを祝する次第である。

今この『松渓県志』の馬鈴薯を想像してみると、まず考えに浮かぶのはマメ科のホドイモ（Apios Fortunei *Maxim.*）で、あるいはこれを指していっているのではないかと思われんでもない。このホドイモはまた中国にも産するから全く縁がない訳ではない。そしてこ

九子羊（『植物名実図考』）
ホドイモ

のホドイモは中国で九子羊と称しているものと同じであろうと信ずる。この九子羊は呉其《ごき》濬《しゅん》の『植物名実図考《しょくぶつめいじつずこう》』巻之十九、蔓草類にその図説が出ているので、今ここにそれを転載してみよう。その解説は「九子羊ハ衡山ニ産シ、蔓生細緑茎、葉ハ峨眉豆葉ノ如ク一枝ニ或ハ三葉或ハ五葉、秋ニ淡緑花ヲ開クコト豆花ノ如ク、而シテ内ニ郭アリテ人耳ノ如シ、短角ヲ結ブ、根ハ円クシテ卵ノ如ク数本同ジク生ズ、秋時ニ掘取レバ輒チ多クヲ得、俚医之レヲ用ウ」（漢文）である。またなお中国に土圞児というものがあって『救荒本草《きゅうこうほんぞう》』巻之六に出ているが、これはおそらく右の九子羊と同種で単にその名称を異にしているが同じくホドイモであろうと信ずる。そして右『救荒本草』のその文は「土圞児、一名ハ土栗

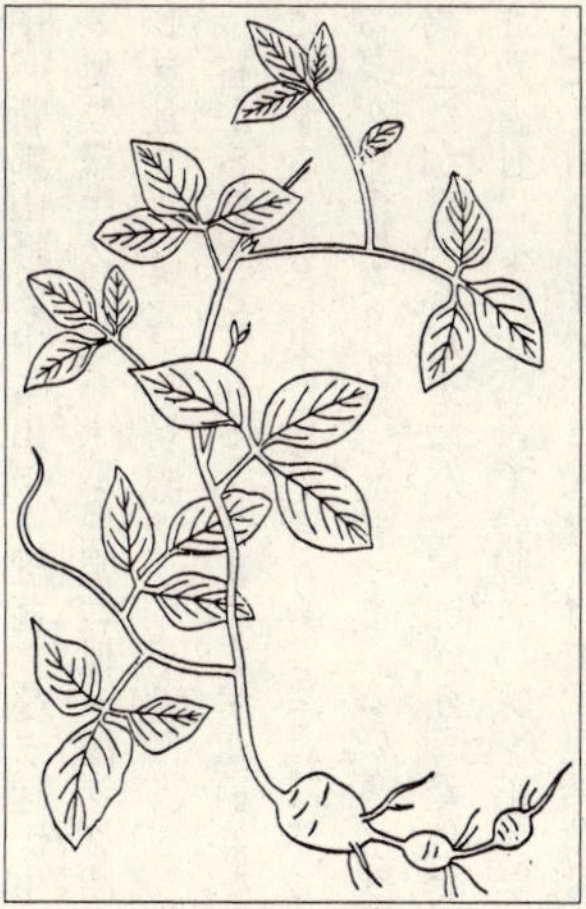

土圞児（『救荒本草』）
けだし九子羊と同種ホドイモ

子、新鄭山野ノ中ニ出ヅ、細茎ハ蔓ヲ延テ生ズ、葉ハ菱豆葉ニ似テ微シク尖觥、三葉毎ニ一処ニ攅生ス、根ハ土瓜児根ニ似テ微シク団《マル》ク、味ハ甜シ、救飢ニシ根ヲ採リ煮熟シテ之レヲ食フ」（漢文）である。

右から推想してみると、まずまず九子羊ならびに土圞児がいわゆる馬鈴薯にあたるように感ずる。もし果たしてそうだとすれば、とにかく、上の「葉ハ樹ニ依テ生ズ」「葉のある蔓が樹木に寄りすがって登っているの意」の意味とも吻合する。九子羊の根塊は円形で濃褐色だから、それを漫然と黒味がかった色と書いたのだと言えば通らんこともなかろうし、また苦甘はそれを嚙んでの腥《なまぐ》さい味を不手際に形容して書いたのだと評せば許しておけないこともあるまい。こんなわけで、馬鈴薯は九子羊および土圞児すなわちホドイモであるようだとして、疑を存しておくよりほか今別に致し方もあるまい。つまり福建省の松渓県からその土地でいう馬鈴薯の実物が出て来てくれさえすれば、この問題はたちまち解決せられるのであるが、それは中国の学者の研究に期待したい。

ジャガタライモは、今世間一般の人が呼んでいるようにジャガイモと仮名で書けばよろしい。もしこれを漢字で書きたければそれを爪哇芋か爪哇薯かにすればよい。なにも大間違いの馬鈴薯の字をわざわざ面倒くさく書く必要は全くない。いったい植物の日本名すなわち和名はいっさい仮名で書くのが便利かつ合理的である。漢名を用いそれに仮名を振って書くのは手数が掛り、全くいらん仕業だ。例えばソラマメはソラマメでよろしく、なにも煩わしく蚕豆と併記する必要はない。キュウリはキュウリ、ナスはナス、トウモロコシはトウモロコシ等々で結構だ。胡瓜、茄、玉蜀黍等はいらない。

今日中国の書物に、ジャガイモに対し往々馬鈴薯の名が使ってあるが、これはその誤りを日本から伝え、中国人が無自覚にそれを盲従しているにすぎないのである。こんなわけであるから、たとえ、今の中国人が馬鈴薯の字を使っていても、なにもそれは信頼するには足りないことを十分に承知していなければならない。ジャガイモを馬鈴薯だとする誤認は日本でも中国でも敢て変わりはない。

百合とユリ

元来百合とは中国の名であるから、これを昔からのように日本のユリに適用することは出来ないはずである。そしてそれを昔の深江輔仁《ふかえのすけひと》（深根輔仁《ふかねのすけひと》）の『本草和名《ほんぞうわみよう》』にあるように百合を和名由里（ユリ）、また源順《みなもとのしたごう》の『倭名類聚鈔《わみようるいじゆしよう》』にあるように同じく百合を和名由里（ユリ）としているのは共に間違っているといっても誰も異存はないはずだ。

百合と称するものはユリ属すなわちLilium属一《（ママ）》種《スペシーズ》の特名であって汎称ではない。この種は中国の山野に生じていて茎は直立し、葉は他に比べてひろく、花は白色で側に向ってひらいている。今ここに呉其濬の『植物名実図考』にある図を転載してその形状を示そう。その生根は一度も日本へ来なく、私等はまだこれの実物を見たことがない。しかしもしこれに和名を下すならば、私はそれをシナシロユリ（支那白ユリ）といいたい。もっと典雅な名にしたければ白雪ユリといっても悪くはあるまい。すなわち百合はこのシナユリ一名白雪ユリの新和名に対する中国名で Lilium sp.（種名未詳）である。繰り返していうが、こんなわけであるから「百合」というのは前記の通りユリの総名、すなわち The general name for all lilies ではない。

従来日本の学者達は百合を邦産のササユリにあてているが、それは無論誤りであって、ササユリはけっして百合そのものではなく、元来このササユリは中国には産しないから当然中国の名のあるはずはないではないか。

このササユリは関西に多いユリで、関東地方ではいっこうに見ない。一つにサユリともヤマユリ（Lilium auratum *Lindl.* のヤマユリとは別種で同名）ともいわれる。その学名は従来 Lilium japonicum *Thunb.* が用いられていたが、この名前づらが他のユリと重複するというので、当時京都帝大の小泉源一《こいずみげんいち》博士がかつてこれを Lilium Makinoi *Koidz.* と改訂して発表したことがあった。

小野蘭山の『本草綱目啓蒙《ほんぞうこうもくけいもう》』（享和三年〔1803〕刊行）にそのササユリの形状を次のように書いてあって、すこぶる分りやすいからここに転載する。

春旧根ヨリ生ジ円茎高サ三四尺直立ス葉ハ竹葉ノ如クニシテ厚ク光アリ故ニサヽユリト呼ブ五月茎梢ニ花ヲ開クコト一二萼年久シキ者ハ五六萼ニ至ル皆開テ傍ニ向フ六弁長サ四寸許弁ノ本ハ聚テ筒ノ如ク末ハ開テ反巻ス白色ニシテ微紫花後実ヲ結ブ形卵ノ如ク緑色熟スル時ハ内ニ薄片多シ即其子ナリ其根ハ白色ニシテ弁多ク並ビ重リテ蓮花ノ如シ食用ニ入ルユリネト呼ブ

百合（『植物名実図考』）
シナシロユリ一名白雪ユリ（Lilium sp.）

土佐高岡郡佐川町付近の山地にササユリの一変種がある。普通のササユリよりは小形であるが、土地ではやはりササユリと呼んでいる。その花の咲いている時分に山村の人が根を連ねて十本くらいを一束として市中に売りに来ていたが、今日はどうだろうか。その根を薬用食にせんがためで、これを食すると痰が取れるといっている。これは私の子供の時分のことであったから今からざっと七十年余り《ママ》も前のことに属するが、今日では最早そういうことは昔話になっているのかも知れない。これはササユリの小形な一変種で葉緑がやや白く、私はこれをフクリンササユリと名づけておいたが、ヒメササユリと別称しても悪くはない。

岩崎灌園《いわさきかんえん》の『本草図譜《ほんぞうずふ》』巻之四十八に、ササユリの一名として、サク（豆州三倉島方言）、イネラ（八丈島方言）の名が挙げてあるが、このサクとイネラとはサックイネラでこれはサクユリ（*Lilium platyphyllum Makino*）の名であってササユリの名ではない。

キャベツと甘藍

キャベツ、すなわちタマナを甘藍《カンラン》だというのは無学な行為で、科学的の頭をもっている人なら、こんな間違ったことはしたくても出来ない。

いったい甘藍とはどんな蔬菜かといってみると、それは球にならない、すなわち拡がった葉ばかりの *Brassica oleracea L.* で、その中の var. *acephala DC.*（無頭すなわち無球の意）がこれにあたる。すなわち前々から葉牡丹《ハボタン》といっているものである。これはその葉が牡丹の花の様子をしているからそういうのである。これは結球しない品だからこの品を呼ぶハボタンをタマナすなわちキャベツに用うべきでない。ゆえに甘藍はキャベツすなわちタマナではあり得ない。

右のキャベツすなわちタマナはBrassica oleracea *L.* の中のものではあるが、これは葉が層々と密に相包んで大きな球になる品で、学名でいえばBrassica oleracea *L.* var. capitata *L.*（この capitata は頭状の意）である。

キャベツはキャベージ（Cabbage）の転化した言葉である。このCabbageとは大頭の意であって、これは熱帯椰子類の数種の新梢芽が頭状に塊まっているので、本来はそれを Cabbage といったものだ。そしてこの嫩芽（わかめ）は食用になるものであって原住民は常にそれを食べている。そこでBrassica oleracea *L.* var. capitata *L.* へこのCabbageの名を借り来ってそのタマナをCabbageといったものだ。それがすなわちキャベツである。中国ではこのタマナを椰菜《ヤサイ》と称する。それはもとPalmsすなわち椰子類のものがCabbageであるから、それでこれを椰菜としたものだ。が、この椰菜の名はあまり我国では使用しなかった。ただしその椰菜へ花の字を加えて花椰菜《ハナヤサイ》となし、それをハボタンの一種なるCauliflowerの訳字となし、これは今日でも普通に用いている。今それを学名で書けばBrassica oleracea *L.* var. botrytis *L.* である。（botrytis とは群集して総《ふさ》をなしている状を示す語）。

以上のようなイキサツであるから、このタマナ、すなわちキャベツを甘藍とするのは見当違いであることをよく知っていなければならない。古い学者、技師連などは古い書物に書いてある間違いの影響を受けてその誤りを引き継ぎ、今日でもなお甘藍をキャベツ、すなわちタマナと思っているのはまことにオメデタイ知識の持主であって、憐れ至極な古頭の人々である。総体物は正しくいわなければいかん。知識の奥底を見透かされるのはいっこうにゴ名誉ではござんすまい。

藤とフジ

世間一般に昔から藤をフジとしているが、しかし千年あまりも昔に出来た我国で一番古い辞書の『新撰字鏡《しんせんじきよう》』(僧昌住《しようじゆう》の著)にはまだこれをフジとはしていなくて、それを藟としてある。これは中国の書物の『説文《せつもん》』に従ったものであろう。藟(音ルイ)とはツルすなわちカヅラ〔カズラ〕のことで、それは藤の字の本義である。したがって藤はカヅラである。『玉篇《ぎよくへん》』には「藟ハ藤也」とあり、また「藤ハ藟也、今草ニ莚シテ藟ノ如キ者ヲ惣テ呼ブ」とある。また『大広益会玉篇《だいこうえきかいぎよくへん》』にも同じく「藟ハ藤也」とあり、また「藤ハ艸木ニ蔓生スル者ノ惣名ナリ」ともある。また右の『大広益会玉篇』の和刻本(日本での刻本)には藟の字のところに「藟ハ藤也」とある右側にフヂカヅラ、左側にクヅフヂの訓が施してある。これは多分今いうフジのカズラ、クズ(葛)のカズラの意でつけたものと想像して可とも思われる。

本来藤はカズラ、すなわちツルのことであるから、今日花を賞するあのフジは藤の一字を用いたのではそのフジすなわち Wisteria（Wistaria）のフジにはならない。紫藤と書いて藤の上に紫の形容詞を加えてはじめてフジになるのだが、じつはこの紫藤は中国産であるシナフジ（Wistaria sinensis *Sweet*）の名で、今それを日本産のフジに適用することは出来ない。日本にはフジが二種あって、一つはノダフジ（Wistaria floribunda *DC.*）、一つはヤマフジ（Wistaria brachybotrys *Sieb. et Zucc.*）で、この二つの品の総称がフジである。そしてこの二種は日本の特産で中国にはないから、したがって中国の名すなわち漢名はない。ゆえに日本のフジを紫藤と書くのは間違っていることを承知していなければならない。

ヤマユリ

関西各地に多いササユリ（Lilium Makinoi *Koidz.*）にも昔からヤマユリの一名があるが、今日普通に世人のいっているヤマユリは関東地方に多いユリであって、Lilium auratum *Lindl.* の学名を有する。花は七、八月頃にひらき大形で香気多く、白色で花蓋片の中央部に黄を帯び紫褐点のあるのが普通品であるが、また紅色を帯ぶるものもある。そしてその色の濃い品を特に紅《ベニ》スジと称して珍重する。

このユリの鱗茎、すなわち俗にいうユリ根は食用によろしい。ゆえに昔から関西各地では特に料理ユリの名がある。またさらに吉野ユリ、宝来寺ユリ、多武《トウ》ノ峰《ミネ》ユリ、叡山ユリの名もある。また浮島ユリとも箱根ユリともいわれる。

徳川時代にはこのユリをヤマユリの名では呼んでいなかったが、後ちこのヤマユリの名が段々東京を中心としてひろがって、普通一般の呼び名になったのは明治以降のことに属する。今日の人々はなにかと言えば直ぐヤマユリを持ち出すけれど、このヤマユリの名は近代において普通に幅を利かすようになったものである。それ以前は前記の通り料理ユリなどの名で呼んでいたのである。また徳川時代に出版になった『訓蒙図彙《きんもうずい》』や『絵本野山草《えほんのやまぐさ》』などにはオニユリ（巻丹）、ヒメユリ（山丹）、スカシユリ、カノコユリなどはあっても右のヤマユリの図は出ていない。

このヤマユリは万葉歌とは全く関係はない。万葉歌と縁のあるものは主としてササユリ、オニユリ、ヒメユリである。多分コオニユリも見逃されないものであろう。

ヤマユリは日本の特産で無論中国にはないから、昔の日本の学者がいうようにこれを天香百合とするのはもとよりあたっていない。

人皇五十九代宇多《うだ》天皇の御宇、それは今から一一〇五年の昔寛平《かんぴょう》四年（892）に僧昌住の作った我国開闢以来最初の辞書『新撰字鏡』に「蔄、開音山女也阿介比又波太豆」と書いてある。昌住坊さんなかなかサバケテいる。

大正六年に東京の啓成社で発行した上田《うえだ》万年《かずとし》博士ほか四氏共編の『大字《だいじ》典《てん》』には「【蔄】カイ国字」と出で、また「万葉集訓義弁証に曰く新撰字鏡に蔄音開、山女也、阿介比とあり、蔄子（あけび）の実の熟してさけたる形、女陰にいとよく似たり。故に従レ艸従レ開て製れる古人の会意の字也、開は女陰の名にて和名鈔に見えたり」と出ている。しかし『和《わ》名鈔《みようしよう》』すなわち『倭名類聚鈔』には女陰は玉門《ツビ》としてあるが、ただし玉茎の条下の閞の字の注に、「以開字為女陰」と書いている。

私の郷里土佐の国高岡郡佐川町では女陰をオカイと称するが、これは御カイであろう。すなわちカイは上古の語の遺っているものと思う。

とにかくアケビとはその熟した実が口を開けた姿を形容したものである。ゆえにこれが縦に割れて口を開けていることを根拠としてアケビの名が生じたと考えられる。それでア

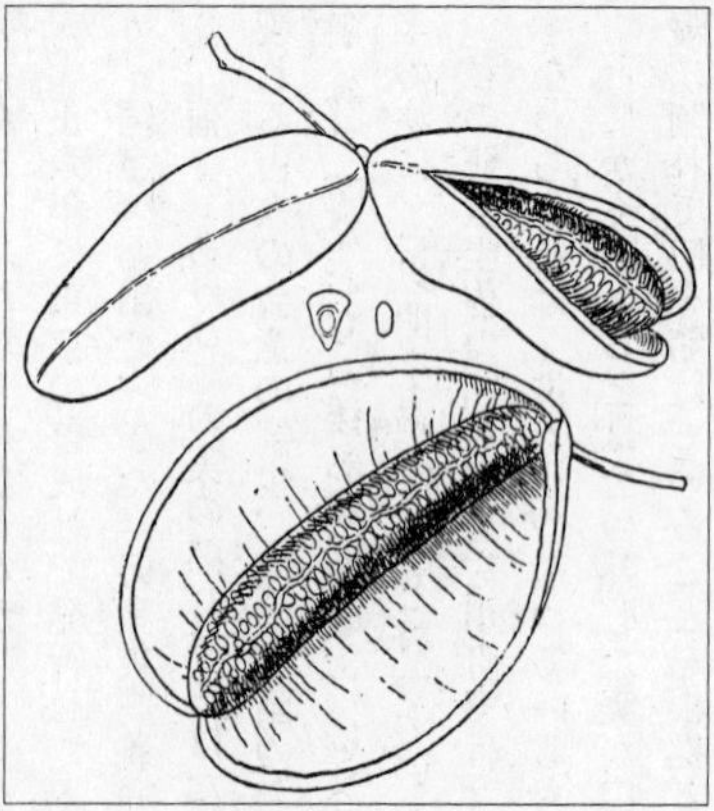

アケビ（Akebia quinata *Decne.*）の果実

ケビの語原はこの縦に開口しているのをアケビと形容して、それが語原だとしている人に白井光太郎博士もいる。また人によってはアケビは開《ア》ケ肉《ミ》から来たものとして、また欠《アケビ》から来たものともしている。これは考えようではどちらでもその意味は通ずるが、アケツビの方がおかしみがあって面白く、そして昔に早くも蔄とも山女とも書いてあるので、まずそれに賛成しておいた方がよいのであろう。が、この語原は若い女の前ではその説明がむつかしい。しかし今日ではシャーシャー然たる勇敢な女が多いから、かえって興味をもって迎え聴くのかも知れない。

旧拙吟

女客あけびの前で横を向き

なるほど、眺め入ったるあけび哉

元来アケビは実の名で、これは上に書いたように『新撰字鏡』に出ている。またその蔓の名はアケビカヅラであって、これは古く深江輔仁の『本草和名』、源順の『倭名類聚鈔』に出ている。

日本にはアケビが二つある。植物界では一つをアケビ、一つをミツバアケビといって分けてあるが、アケビはじつのところこの両方の総名である。

かのアケビのバスケットはミツバアケビの株元から延び出て地面へ這った長い蔓を採ってつくられる。普通のアケビにはこの蔓が出ない。

ミツバアケビの実の皮は鮮紫色ですこぶる美しいが、普通のアケビの実の皮はそれほど美しくはない。熟したアケビの実の皮は厚ぼったいものである。中の肉身を採った残りの皮を油でイタメ味を付けて食用にすることがあるが、なかなか風雅なものである。

アカザとシロザ

世間の人々、いや学者でさえもアカザとシロザとを区別せずに一つに混同してアカザと呼んでいるが、これはその両方を区別していうのが本当で正しい。しかし元来この二つは共に一つの種すなわち species の内のものであるから両方がよく似ている。シロザが正種で学名を Chenopodium album *L.* といい、アカザがその変種で Chenopodium album *L.* var. centrorubrum *Makino* といわれる。このシロザは原野いたるところに野生しているが、アカザは通常圃中に見られ、あまり野生とはなっていないのが不思議だ。これは昔中国から渡り来ったもので中国の名は藜《レイ》である。また紅心灰藋《カイテキ》、鶴頂草、臙脂菜《エンジサイ》の別名もある。

アカザの葉心は鮮紅色の粉粒を布きすこぶる美麗である。そしてその苗が群集して一処にたくさん生え嫩《わか》き梢《すえ》を揃えている場合は各株緑葉の中心中心が赤く、紅緑相雑わって映帯し圃中に美観を呈している。

茎はその育ちによって大小があるが、それが太くて真直ぐに成長したものは杖となる。中国の書物にも「老フル時ハ則チ茎ハ杖ト為スベシ」と書いてある。すなわちこれがいわゆる藜杖《れいじょう》でアカザの杖をついておれば長生きをするといわれる。

アカザはまた一つにアカアカザともオオアカザとも江戸アカザとも、またチョウセンアカザとも称する。そしてアカザの語原は判然とはよく分らないが、そのアカは無論赤だが、ザはどういう意味なのか。書物に赤麻《アカアサ》の約と出ているが、この想像説には信を措き難い。貝原益軒《かいばらえきけん》の『日本釈名《にほんしゃくみょう》』には「藜《アカザ》、あかは赤なり、さはなと通ず赤菜なり」と書いてあるのも怪しい。

シロザは一つにシロアカザともアオアカザともまたギンザとも称える。その漢名は灰藋《カイテキ》である。葉心は白色あるいは微紅を帯びた白色の粉粒をその嫩葉に糝布《さんぷ》している。アカザもシロザも共にその葉が軟くて食用になる佳蔬であるから、その嫩葉を摘むことの出来る限り、大いにこれを利用して食料の足しにすればよろしい。

キツネノヘダマ

狐ノ屁玉《ヘダマ》、妙な名である。また天狗《テング》ノ屁玉《ヘダマ》という。これは一つの菌類であって、しかも屁のような悪臭は全然なく、それのみならずそれが食用になるとは聞き捨てならぬキノコ（木の子）、いやジノコ（地の子）であって、常に忽然として地面の上に白く丸く出現する怪物である。

五、六月の候、竹藪、樹林下あるいは芝地のようなところに生えて吾人に見参し、形円くあるいは多少平円でその大きなものは宛として人の頭ほどになる。初めは小さいが次第に膨らんできて意外に大きくなる。最初は色が白く肉質で中が実しており、脆くて豆腐を切るようだが、後ちには漸次に色が変わり遂に褐色に移り行って軽虚となり、中から煙が吹き出て気中に散漫するようになるが、この煙はすなわちその胞子であるから、今これを

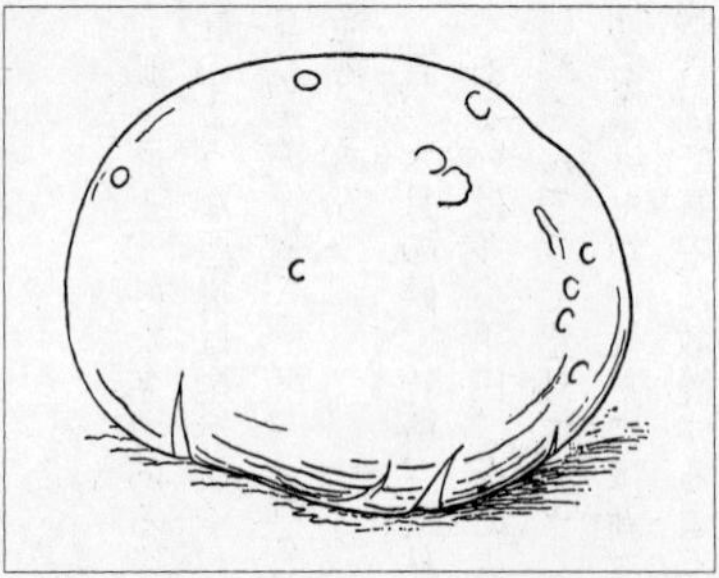

キツネノヘダマすなわちオニフスベ
Lasiosphaera nipponica *Kobayashi*（=*Calvatia nipponica* Kawamura）

胞子煙と名づけてもまんざらではあるまい。今から一〇九〇年も前に出来た深江輔仁の『本草和名』に「和名、於爾布須倍」すなわちオニフスベと出ているが、しかもその書にはなにもその意味は書いてない。しかしこれは誰にでも鬼を燻べる意味だと取れるであろうことは、もっとものように感ぜられるが、ただし私の考えではこのフスベは贅すなわち瘤のことであろうと思う。源順の『倭名類聚鈔』瘡類中の贅を布須倍（フスベ）としてある。そこでオニフスベは鬼の瘤の意であると推考せられ得る。瘤々しくずっしりと太った体の鬼のことだから、すばらしく大きな瘤が膨れ出てもよいのだ。そして鬼を燻べるということだと解する人があったら、その人の考えは浅薄な想像の説であるように私には感ぜられる。

このオニフスベは嫩いとき食用になる。今から二八二年前《〔ママ〕》の正徳五年（1715）に発行の『倭漢三才図会《わかんさんさいずえ》』に「薄皮アリテ灰白色肉白ク頗ル麦蕈《ショウロ》ニ似タリ煮テ食ウニ味淡甘ナリ」と書かれて、この時代既にこんな菌を食することを知っていたのは面白い事実である。この異菌の食われることは西洋での姉妹種 Lasiosphaera Fenzlii *Keichardt* と同様である。

それが無論無毒であって食ってもいっこうに差し支えないことが先年理学士石川光春君の試食によって証明せられ、同君は当時これをバターで煠めて賞味したことを親しく私に話された。

オニフスベは前にも書いたように最も古くから知られた名である。今小野蘭山の『本草綱目啓蒙』によれば、次のようにたくさんの名が列挙せられてある。

オニフスベ（古名）○ヤブダマ○ヤブタマゴ○イシワタ○イシノワタ（予州）○ウマノクソダケ○ウマノホコリダケ○ホコリダチ（『大和本草』）○ホコリダケ○ケムダシ○ケムリタケ○ミヽツブレ○ミヽツブシ（讃州）○ツンボダケ○キツネノハイブクロ（若州）○メツブシ○キツネノチャブクロ（和州）○チトメ○キツネノヒキチャ（勢州）○キツネビ（南部）○キツネノハイダハラ（越前）○カザブクロ（奥州）○ホウホウダケ（備前）○カハソノヘ（江州）○カゼノコ（江州）○ヂホコリ（佐州）（以上）、ほかにケムリタケ、ヤマダマ、キツネノヘダマ、テングノヘダマ、ボウレイシがある。

なおこの他に右に漏れた方言がいずれかの国にあろうと思う。もしかあったら何卒御知らせを願いたい。

オニフスベの漢名は馬勃《バボツ》である。よく牛溲《ギュウソウ》、馬勃、敗鼓の皮といわれ、こんなものでも薬になるかと評せられたものだ。これはまだよい方だが、中国では病人の衣、敗れ傘の骨、首縊りの縄、死人の寝床、厠のチウ木、小便桶《タゴ》の古板、頭の雲脂《フケ》、耳糞、歯屎《ハクソ》、唾液、人糞、小便、月経、陰毛、精液なども薬になると書かれているが、それでもさすが夢は薬になるとは書いてない。

オニフスベはキツネノチャブクロ科で、その学名は今日では Lasiosphaera nipponica *Kobayashi* となっているが、もとの学名は *Calvatia nipponica* Kawamura であって、これを日本の特産菌と認め初めてその新学名を作り発表したのは川村清一《かわむらせいいち》博士であった。

紀州高野山の蛇柳

紀州の国は名だたる高野山の寺の境内地に、昔から蛇柳《ジャヤナギ》と呼ばれている数株のヤナギの木があって、近い頃まで生存し有名なものであったが、惜しいことには今枯れたとのことを聞いた。その幹は横斜屈曲して枝椏を分ち葉を着け繁っている。先年私はこの高野山に登って親しくこれを見かつ枝を採って標品に作ったことがあった。

理学博士白井光太郎君はかつて我国のヤナギ類について研究したことがあった。その時分高野にこの柳を採集して検討し、その名を該柳にちなんでそのままジャヤナギと定められたので、爾後この名でこの種《スペシーズ》のヤナギを呼ぶことになっている。その学名は *Salix eriocarpa Franch. et Sav.* である。

右の蛇柳について同博士（当時は理学士）は明治二十九年（1896）六月発行『植物学雑誌』第十巻第百十二号に左の通り書かれている。すなわち、

高野山ノ蛇柳

蛇柳ハ高野山上大橋ヨリ奥ノ院ニ至ル右側ノ路傍ヲ去ル十間許ノ処ニアリ高野山独案内ニ「蛇柳の事」「此柳偃低《えんてい》して蛇の臥せるに似たり依之名くる与猶子細ありと云ふ尋ぬべし云々」トアル者是ナリ廿八年［牧野いう、明治］八月十三日此処ヲ過ギリ此柳ヲ採集セルトキモ枝葉ノミニテ花部ヲ欠キシヲ以テ帰京後同処小林区署山本左一郎氏ニ依頼シ本年五月其花ヲ得タリ花ハ皆雌花ナリ之ヲ検スルニ花穂ニ小柄ヲ具ヘ柄上二乃至四小葉アリ小苞ハ緑色卵円形ニシテ外面絨毛ヲ密布ス子房ハ卵形ニシテ外面絨毛ヲ帯ビ先端ニ短柱ヲ具ヘ柱頭長ク二分ス花穂ノ全長四五分許ニシテ其本ニ倒卵形乃至匙形ノ小葉ヲ対生スルノ状十文字鎗ノ穂ニ似タリ葉ハ細長披針形ニシテ先端尖リ周辺細鋸歯アリ面ハ青ク背ハ淡ニシテ白粉ヲ塗抹セルガ如キ趣アリ長三四寸許新枝ハ浮毛ヲ帯ブレドモ旧枝ニハ毛ナシ予先年此種ヲ大隅佐多付近ニテ採リ昨年四月常州筑波山下ニテモ採レリ筑波山ニアリシ樹ハ直径壱尺余ニシテ直聳シ喬木ヲ成セリ此種ノ形状ハ好ク Salix eriocarpa *Fr. et Sav.* ニ符号ス此ニ相違ナシト考フ昨年学友某亦筑波山下ニテ之ヲ採集シ此たちしだれやなぎノ新称ヲ命セラレタルヤニ聞キシガたちしだれナル名ハ意義ニ於テモ少シク通ゼザルガ如キ嫌ナキニ非ザレバ予ハ寧ロ蛇柳ヲ以テ此種ノ普通名トナサント欲スルナリ

である。

『紀伊《きい》続風土記《ぞくふどき》』の「高野山之部」に出ている蛇柳の記は次の如くである。

蛇　柳［牧野いう、虵は蛇と同字でヘビである］

息処石の南大河南岸に洲あり古柳蟠低して異風奇態あり夫木集に知家朝臣の歌に咲花に錦おりかく高野山柳の糸をたてぬきにしてといふ此歌にては虵柳のことあらわれず扶桑名勝詩集に宥快法印の作とて高野山十二景の中に雪中虵柳の題のみあり本州旧跡志に虵柳大塔の東廿八町にあり昔し此所に大虵ありて妖をなせり時に弘法持呪しければ虵他所にうつりて其跡に柳生ぜり因て虵柳といふとあり又此柳偃低大虵に似たれば虵柳といひ又大師の加持力にて虵を変じて柳とならしむといふ説あれどもいぶかし近世雲石堂十八景の中に春日虵柳の詩あり略す又俗諺に昔し此所に大虵ありて人を害す大師これを悪み給ひて竹の箒もて大滝へ駈逐し玉ふゆへ大虵の怨念竹の箒に残れりそがゆへに当山の

竹の箒を禁ず又駈逐の時後世若此山にて竹の箒を用ば其時に来り棲めと誓約し玉ふゆへとも云ふ並にとりがたし

『紀伊国名所図会《きいのくにめいしょずえ》』三編、六之巻（天保九年発行）高野山の部に、この蛇柳の図が出ている。

渓の畔《ほとり》にありいにしへは大蛇ありて妖《よう》をなす時に弘法（大師）持咒《じじゆう》したまいければ大蛇忽ち他所にうつりて跡に柳生ぜり因て此名ありといふ、一説に遠く是を望めば蜿蜒《えんえんじよう》裊娜《だ》として百蛇の逶迤《いい》するがごとし因て名づくといふ猶尋ぬべし

夫木抄　正嘉二年毎日一首中

咲花に錦おりかく高野山柳の糸をたてぬきにして　民部卿知家

吹たびに水を手向る柳かな　米冠

と書いてある。

また同書蛇柳の図の上方に、「我目《わがめ》にも柳と見へて涼しさよ」麦林の俳句と、「ともすればたけなる髪をふりみだし人の気をのむ風の蛇柳」栗陰亭との狂歌が記してある。

昭和三年（1928）三月発行の『植物研究雑誌』第五巻第三号に「じゃやなぎノ名ノ起

リ」と題し、久内《ひさうち》清孝《きよたか》君がこのヤナギについて「此世からさへ嫌はれて深く心を奥の院渡らぬ先に渡られぬみめうの橋の危うさも後世のみせしめ蛇柳や」（巣林子《そうりんし》『女人堂高野《にょにんどうこうや》山心《さんしん》中万年草《じゅうまんねんぐさ》』）の書き出しで、いろいろと書いていられる。それへこのヤナギ研究に縁ある白井光太郎博士自筆の蛇柳原稿図も添えてある。

以前高野山で植物採集会が催された時、その指導者として私も行ったのだが、その折私は同山幹部のある僧に向かってこの蛇柳の由来をたずねてみたら、その答えに「昔高野山の寺の内に一人の僧があって陰謀を回らし、寺主の僧の位置を奪い自らその位に据らんと企てたことが発覚して捕えられ、後来の見せしめのためにその僧を生埋にしたところがあの場所で、そこへあの通り柳を植え、そして右のような事情ゆえその罪悪を示すためその柳の名も蛇柳と名づけたようだ」と語られた。

右の有名なヤナギも今は既に枯死して、ただその名を後世に遺すのみとなった。上のような由来をもったヤナギであったのだから、その後継者として一株の柳樹を植えその跡を標したらどうだろう。

無花果の果

無花果《ムカカ》はイチジクである。これはもとより我が日本の産ではなく、寛永年中に初めて西南洋からの苗木を得て長崎に植えたといわれている。そして古人がこれを無花果と名づけたのは、その果はあるが外観いっこうに花らしいものが見えぬので、それで実際に花のないものだと思って無花果と書いたので、この無花果の字面は明《みん》の汪穎《おうえい》の『食物本草《しょくもつほんぞう》』に初めて出ている。そしてこの果はじつは擬果すなわち偽果であって、本当の果実でない事実は素人には分るまいが学者にはよく分っている。

有名な学者の貝原益軒に従えば、イチジクとは元来イヌビワすなわちイタブ Ficus erecta *Thunb.* の名であるが、それが移って無花果の名になったといわれる。すなわち同氏の『大和本草《やまとほんぞう》』にはイヌビワの名を明かにイチジクと書き、その条下に「無花果ハ近世ワタル、イチヂク〔牧野いう、イヌビワを指す〕ニ似タル故ニ其名ヲカリテ無花果ヲモイチヂクト云」、また無花果の条下に「日本ニモトヨリイチヂクト云物〔牧野いう、イヌビワを指す〕別ニアリ……イチヂクニ似タル故ニ無花果ヲモイチヂクト云」と断言している。またイチジクはイチジュクすなわち俗に云う一熟だと寺島良安《てらじまりょうあん》の『倭漢三才図会』に出ているが、これは中国の書物に「一月《ニシテ》而熟《ス》味《ヒ》亦《タ》如《シ》レ柿《ノ》」とある文に基づいてそういったものであるが、これはイチジクの語原となすには足りない。また無花果の一名を映日果というから、あるいはツイスルとこの ying jih kuo がイチジクの語原となりはしないかという説もある。しかしながらこのイチジクという意味は全く不明である。

イチジクの別名として九州地方にはトウガキ（唐柿）の方言がある。これはその形が円くて味が甘いからそう呼んだものだ。またウドンゲという方言があるが、これは無花果の一名を優曇鉢と称えるからであって、それはめったに花の咲かないことを意味した名だ。

無花果は西アジア、ならびに地中海地方の原産で、遠い大昔からその食用果のために栽植せられており、中国へも無論その辺の地方からはいりこんだものであろう。クワ科の落葉樹でその学名を Ficus Carica *L.* といい、俗にその果を Fig と呼ばれる。種名の Carica は小アジアなる Caria からの名である。

無花果、果たして花はないか。否な花がないのではない。ただ外方より見て見ることが出来ないだけである。実際はその果の内部に小花が塡充しているのである。すなわちその花序は閉頭総状花である。言葉を換えていってみれば、これは変形せる一つの総状花穂（raceme）である。そしてその嚢体が裏返って外が内になり、すなわち外にあって咲くべき花がみなそのために内に潜んで天日を仰がずに暗室で咲いているのである。

今ここにそのしかるゆえんを説明するために、私は次の図を創意してみた。すなわちこ

れでみればその状が一目瞭然であろう。誰でもなるほどと合点が行くであろう。すなわちその花穂の中軸が段々と膨大して頂の方から窪みはじめて陥ちこみ、漸次にその度が増してついにはこれを包んでしまい、花はみなその中へ閉じこめられるのである。そして今想像してみると、その常態の花穂から始まってついに閉在花穂成立までの過程は、どれほど悠久な地質的年代を経過し来ったものかはとても考え及ぶところではない。もしそこにその原始型の化石でもあれば、あるいはおよその年代も多少推測が出来るかも知れない。

この閉頭果の本には三片の小形苞があり、上頭には相接して多数の小形苞が重って、その口を塞いでいるのが見られる。果体すなわちFigの内部、すなわちその腹中には、前に書いたように小さい花が無数にあって一杯詰まっている。この花はあるいは長くあるいは短い小梗を具えている有柄花であって、その梗頂に三片の萼と一子房とがある。これは雌花の場合であるが、今我国に栽えてある初渡来以来のイチジクは、みなこのように果中にただ雌花のみを具えていて敢て雄花を見ない。イチジクの種類によってはその入り口の方に雄花があって、他はみな雌花のものもあるが、日本へはまだそんなのは来ていない。雌花に結ぶ小さい核果（Drupe）には各一つの堅い粒《ツブ》があるが、それはクワの実にあると同じようないわゆる核であって種子ではなく、種子にはいっこうに胚が育っていない。ゆえに種子はみな粃《シイナ》であるからこれを播いても生えて来ない。このように種子が孕まないのは雄花がない結果であろう。前記の通りこの各の花にはみな小梗があって、その梗頂がすなわち花托（receptacle）になっていることを特によく心に留めていなければならない。大抵の学者でもこれを看過しているのはどうしたものだ。

ところで世界の多くの学者でも、また日本の学者でも、いつも誤っている事実は、この閉頭果すなわちイチジクの実の外壁の部、すなわち中部の花もしくは果実を包んでいる内嚢壁の部を、花托（receptacle）もしくは総花托（common receptacle）だとしていることである。これはじつに思わざるのはなはだしきもので、この部は花托でも何んでもなく、これはそれを正直にいえば単に変形せる花軸である。その花托は内部の小花にこそあれ（上に書いたように）他の場所にある理屈がない。小花にも花托があり、さらにその小梗下の肉壁にも花托があるということになると、畢竟二重に花托が存在している結論となる。そうでないのか、考えてみればすぐ判ることだ。元来花托とは花梗《かこう》の頂端で萼、花弁、雄蕊《ゆうずい》、雌蕊《しずい》の出発しているところではないのか。イチジクの花托についてこれまでの書き方は不徹底至極で、天下には沢山な学者がいるのにかかわらず、誰一人正論を唱えてこれを説破した者がないとは、なんとまあ不思議なことではないか。

イチジクは前述の通りクワ科に属する。昔の昔のその昔、大昔のまだ昔、イチジクの果が今日のようにならん前の原始的の花穂は、多分クワの花の花穂のようなものであったろうことが推想し得られる。それがあるテンデンシーをとって進み、幾多地質時代の幾変遷をへつつ、漸次に今日のような形態に到達したのであろう。同じクワ科のドルステニア

(Dorstenia) の花は普通の花穂とイチジクとの中間を辿っているとみてよかろう。しかしこの植物の小花は無柄でその肉質壁に坐っているから、その着点を花托とみてもよかろう。

従来日本で栽植せられているイチジクは、葉の分裂の少ない型の種でこれに二つの品種があり、すなわちその一は果皮紫黒色、肉白き黒イチジク、その二は果皮白色で微紫色を帯び、肉淡紅の白イチジクである。その後明治になって渡来したものは葉が深い掌状裂をなした品であるが、今日ではなおその果の優秀な改良種も来ていることと思う。

イチジクと媒介昆虫との相関関係、すなわちカプリフィケーションは複雑を極めているが、それは野生種に起こる現象で、普通に栽植してある食用果のイチジクにはこの事実は見られないように思う。

イチョウの精虫

夢想だもしなかったイチョウ、すなわち公孫樹、鴨脚《オウキャク》、白果樹、銀杏である Ginkgo biloba *L.* に精子すなわち精虫（Spermatozoid）があるとの日本人の日本での発見は青天の霹靂で、天下の学者をしてアット驚倒せしめた学界の一大珍事であった。従来平凡に松柏科中に伍していたイチョウがたちまち一躍してそこに独立のイチョウ科が出来るやら、イチョウ門が出来るやら、イヤハヤ大いに世界を騒がせたもんだ。そしてその精虫を初めて発見した人は、東京大学理科大学植物学教室に勤めていた、一画工の平瀬《ひらせ》作五郎《さくごろう》氏（その肖像が昭和三年九月発行の『植物研究雑誌』第四巻第六号に出ている。同氏の顔を知りたい方はそれを看るべしだ）であって、その発見はじつに明治二十九年（1896）の九月であった。

こんな重大な世界的の発見をしたのだから、普通なら無論平瀬氏は易々と博士号ももらえる資格があるといってもよいのであったが、世事魔多く底には底であって、不幸にもその栄冠を贏《か》ち得なかったばかりでなく、たちまち策動者の犠牲となって江州は琵琶湖畔彦根町に建てられてある彦根中学校の教師として遠く左遷せられる憂目をみたのは、憐れというも愚かな話であった。けれども赫々たるその功績は没すべくもなく、公刊せられた『大学紀要』上におけるその論文は燦然《さんぜん》としていつまでも光彩を放っている。宜《む》べなる哉、後ち明治四十五年（1912）に帝国学士院から恩賜賞ならびに賞金を授与せられる光栄を担った。

このイチョウの実の中にある精虫を発見したその材料の樹、すなわち眼を傷つけてまでもその実を自分で採集したその樹は、大学付属の小石川植物園内に高く聳立するイチョウの大木であった。その樹はこの由緒ある記念樹として今もなお活きて繁茂し、初冬にはその葉色黄変してすこぶる壮観を呈するのである。

さてこの精虫出生の出来事を譬えれば、これは許嫁の幼い男女二人があって、早くもその男が後ちにお嫁サンになるべき運命を持ったその娘の家に引き取られて養われ、後ちにこの両人が年頃となるに及んで初めて結婚するようなもんだ。

イチョウは雌雄別株の植物で雄木と雌木とがある。この二つの樹がたまたま相接して並んでいることもあるが、たいていは雄木、雌木が相当互に相隔っているものが多い。そして春に新葉の少し出た時分に枝に雄花が咲いて花粉を出すのであって、この花粉は風に吹き送られて遠近に飛散する。けれども極く玄微な花粉ゆえその飛んでいることはとても肉眼では見得べきもないが、そこには飛び来るこの花粉を僥倖に待ち受けているものがある。それは雌木の枝の端に着いている小さい雌花すなわち裸の卵子である。この卵子にはその頂点にじつに針の先きで突いたよりもなお細微な一つの孔があって、その飛び来る花粉を具合よくその孔へキャッチするのである。じつに不思議なのは、遠くから極めて疎らに飛んで来る花粉が、よくもマア卵子頂のこの小さい孔を索《もと》めて飛びこんで来るもんだ。なんだか卵子に引力でもあって、その花粉を引きよせるのではないかとのように思わせられてならない。花粉が濛々たる煙のようにまた漠々たる雲のように飛んで来るのならイザ知らぬこと、一粒一粒極く稀薄に飛んで来て、よくも狙い誤またずにちょうどその小さい孔に飛びこむとは、じつに造化自然の妙に驚歎せざるを得ないのである。

さて春に、そこすなわち娘の家に飛びこんだこの花粉すなわち幼い男子はこの娘の家に引き取られて、そこに幾月もの間に段々と生育するのだが、それを養い育てるその娘の家すなわち卵子も、日を経るままに次第にその大きさを増しつつ時日を重ねるのである。そしてそうこうしている内に卵子もズット大きな実となり、初めは緑色であるのが秋風に誘われて、ようやく黄色に色着いて来る。サアこの時だ！　その実の頂に近い内部に液の溜ったところが出来ていて、その液の中へ娘の家で成年に達した男の花粉嚢から精虫が二疋ずつ躍り出て来て、その精虫の体に具えている繊毛を動かしてその液中を泳ぎ回るのである。そして間もなく、これも自分の家で成年に達した娘の雌精器に触接し、握手結婚して一緒になり、ここにめでたく生育の基礎を建てるのである。すなわち許嫁の男子（雄）と女子（雌）とが初めて交会し、四海波静かにめでたく三三九度の御盃をすませる。

それは春から夏を過ぎて秋となり、その間長い月日の間何んの滞りもなく生長を続けてついに成長の期に達し、待たれた本望を遂げて千秋楽とはなったのである。そしてなお樹上にはその実が沢山に残っているから、そこでもここでも同じく華燭の盛典が挙げられめでたいことこの上もなく、許嫁の御夫婦万歳である。そのうちに右の実がいよいよ軟く黄熟し烈臭を帯びて地に落ち、葉もまた鮮やかな黄金色を呈して早くも結婚の終了を告げ欣々然として潔ぎよく散落し、間もなくその年は暮れるのである。そしてこの結婚をすませた実が地に落ちれば、来年はそこに萌出して新苗を作り子孫が繁殖するのである。

イチョウの黄葉は敢てほかの樹には望まれない美観なもので、遠くから眺めればその家、その寺、その村の目標ともなる。もしこの数千本を山に作って一山をイチョウ林にしたらば確かに壮観を呈するであろう。私に〇があれば是非実行して世人をアット言わせてみたいもんだが、財布が小さくて手も足も出ないのは残念至極だ。

この木には特にいわゆるイチョウの乳が下がるが、これはこの樹に限った有名な現象である。つまりこれは気根の一種であろう。往々それが地に届きその先が地中に入ったものもある。

この今見るイチョウ樹は昔、日本へは中国から渡り来ったもので、もとより初めから我国に在ったのではない。元来中国の原産であることは疑う余地はないが、今は同国でもその野生は見付からぬとのことである。

茶樹の花序

自分で大発見などとほざくのは、世間さまを憚らず、分際を弁えぬ大たわけ、僭越至極、沙汰の限りだと叱られるのは必定であるが、今心臓強くこれをがなるのは、そこに「事実」という犯し難い真理があるからである。

私は過去およそ四十年ほど以前〔大正初め頃〕から茶の樹についての注意を怠らず、殊に花時にはいつも興深くこれを眺めた。以前東京帝国大学理学部植物学教室の学生で名は今忘れたが相州鎌倉から来ていた方があって、あるとき幾人かで鎌倉の同氏の宅を訪ねたことがあった。そのとき私は偶然同家の裏庭へ行ってみたら、そこに多くの茶の樹があって花が咲いていた。ふと見るとその花の花序すなわち Inflorescence に見慣れないものを見つけた。それは Cyme すなわち聚繖《しゆうさん》花序であった。これすなわち茶の花の花序が明かに聚繖花序であるという大切な発見である。

茶の花は十月、十一月に咲くのだが、そのとき茶の樹に眼を注いでみると往々正しく整形せられた聚繖花序に逢着することはなにも珍らしいことではないが、なぜ世の多くの学者が今までこれに気がつかずに見逃がしていたかじつに不思議千万である。日本と西洋とを通じて茶の花の図に一つもそれが描写せられておらず、また茶の記述文にも一向にその事実が書いてない。茶のすべての花は単に葉腋から出るとしてある一本もしくは二本の花梗があって、その花梗末に一輪の花が着いているだけのことになっていて、それがみな単梗花と見なされているのである。しかし今それを精しくかつ正しくいえば、この花梗はじつは今年出た葉腋にあってその頂に一芽を有する今年生の極く短い短枝（学術語）の側面にある苞腋（この苞は逸早く謝し去り花の時にはない）から発出しているのである。

ところが茶の花はその不発育に原因して茶樹上単梗花になっているものが無数にあるが、しかし中にまじって花梗に枝をうち、はっきりした聚繖花序をなしているものに出逢うことはそう珍らしいことではない。誰でも少し注意すれば早速にこれを見出し得ること請け合いである。

この花梗に分枝していないものを見ては誰でもそれが聚繖花序であることには気がつくまいが、花梗をよくよく注意して検してみると、梗の途中に一つの節がある。極く嫩い初期のときにはその節に早落性の苞があるから、推考することに鋭敏な人ならば、その花梗にさらに枝梗が出るはずだと想像することは敢て難事でもあるまいが、今日までそう考えた人は誰もなかったのであろう。

茶にこの聚繖花序の現われるのはまことにこの上もない貴重なかつ大切な事実で、これはこの茶の属、すなわちThea属《〔ママ〕》をして近縁のツバキ属すなわちCamellia属《〔ママ〕》と識別する主要な標徴であることは確かに銘記に値する。すなわち常に無梗の単生花を出すツバキ属、そして時々聚繖花を出すチャ属とは自然にその間に一目瞭然たる不可侵の境界線を画するものである。要するにこの両属の主要な区分点はこの点に尽きている。そしてこのTheaとCamelliaとの二属は由来離合常なく、あるいは親和しあるいは反目し、学者がこもごも各自の意見を固守していて、ある学者はThea, Camellia二属に独立を与え、ある学者はThea属《〔ママ〕》をCamellia属《〔ママ〕》に嫁入らせ、またある学者はCamellia属《〔ママ〕》をThea属《〔ママ〕》の支配下においていたが、今私のこの聚繖花序発見で初めて確定的に世界の学者にその依るところを教えたものであるから、これを大発見と誇唱してもなんの僭越にもなりはしない。気焔万丈、天狗の鼻を高くするゆえんである。呵々。

茶樹に聚繖花序の出現することは私の発言するまでは誰も知らなかった。かつて私はこの事実を中井猛之進《なかいたけのしん》博士に話したのだが、同博士もこれは初耳であった。

二十四歳のシーボルト画像

理学博士白井光太郎君の著『日本博物学年表』の口絵に出ているシーボルトの肖像画は、もと私の所有であったが、今からずっと以前明治三十五、六年の時分でもあったろうか、私は白井君のこの如きものの嗜好癖を思い遣ってこれを同君に進呈した。この肖像は彩色を施した全身画で、白井君の記しているように二十四歳で文政九年（1826）東都に来ったときの写生肖像絵で、これは『本草図譜』の著者、灌園《かんえん》岩崎常正《つねまさ》の描いたものである。そして私は当時これを本郷区東京大学近くの群庶軒書店から購求したもので、同書店ではこれを岩崎家の遺族から買い入れたものであった。

白井君はこの肖像の上半身だけを同氏著書、すなわち『増訂日本博物学年表』（明治四十一年〔1908〕発行）に掲げているが、それを私から得た由来はかつて一度も書いたことなく、またいささか謝意を表したこともなかったので、今ここにそれを私から白井氏へ渡った顚末を叙して、その肖像画の由来を明かにしておく。

シーボルト画像

岩崎常正（灌園）筆（着色）　この肖像画は元岩崎家遺族から本郷の一書肆に出たもので、牧野富太郎が買い取り白井光太郎君に譲渡したものであるが、今は上野の国立図書館に蔵せられているなおこのほか灌園の筆で美濃半紙へ着色で描いた小金井桜等の景色画二、三枚をも併せて白井君に進呈しておいたが、それらの画は今どこへ行っているのだろう。また小野蘭山自筆の掛軸一個も気前よく同君に進呈しておいた。それに蘭山先生得意の七言絶句詩が揮毫《きごう》せられてあったが、今その全文を忘れた。なんでも山漆、鶴虱のことが詠じてあった。そしてこの掛軸は私の郷里土佐佐川町の医家山崎氏の旧蔵品で、私は前にこれを同家から購求したものであった。同時に同家所蔵の若水《じゃくすい》本『本草綱目』もまたこれを買い求め、これは今も私の宅に在る。この山崎家の今の主人は医学博士山崎正董《まさただ》氏であったが、今は既に故人となった。

サルオガセ

地衣類植物（Lichenes）に昔からサルオガセと呼ぶものがあって、書物に出ている。すなわちそれはサルオガセ科（Usneaceae）の Usnea plicata *Hoffm.* var. annulata *Muell.* である。

このサルオガセは山地の樹木に着いて生じ、長さは六五センチメートルばかり（二尺一寸五分ばかり）に出入りして無数に分枝し、ふさふさとして垂れ下っており、帯黄白色で直径は太いところで二ミリメートルばかりもあり、その外面が短かい管のような環になってひび割れがしているのが特徴である。その変種名〔変種小名〕の annulata は環状という意味で、この特状に基づいた名である。ふるくからサルオガセと呼んでいた地衣は主としてこの品を指し、それはこの属中で第一等長大な形状をしていて著しいから、人々の目につきやすい。サルオガセは猿麻桛《サルオガセ》の意、この麻桛《オガセ》は績《う》んだ麻を纏い掛けて繰《く》る器械であるが、このサルオガセの場合は麻糸《おいと》の意として用いたものだ。

しかるに我国近代の学者は Usnea longissima *Ach.* をもってサルオガセと呼んでいるのは、昔からのことを考え合わすとじつは不徹底である。もちろんこれもサルオガセの一種（私はこれをナガサルオガセと呼んでいる）には相違ないが、しかし昔から書物に出ているサルオガセそのものではない。では近代学者が不案内にも強いて妄りにこれをそうした訳はどうかとたずねてみれば、それは初め先ず明治三年（1870）出版の博物館、天産部、植物類の『博物館列品目録』に「サルヲガセ、松蘿《ショウラ》 Usnea longissima *Ach.*」と出ている。次いで三好学《みよしまなぶ》博士等が植物教科書などを書いたときに、その種名〔種小名〕の longissima（非常に長いという意味）に魅せられて、これを無条件にサルオガセとしたので、その後の人々もサルオガセといえば Usnea longissima、Usnea longissima といえばサルオガセであると相場がきまったようになった。これらの人々は日本で前からサルオガセといっている品を正当に攫むことが出来ないでいるのは残念である。

サルオガセを Usnea plicata *Hoffm.* var. annulata *Muell.* とした初めは私で、私は、これを大正三年（1914）十二月に東京帝室博物館で発行した『東京帝室博物館天産課日本植物乾腊《かんさく》標本目録』で公にしておいた。

サルオガセの名はこれを松蘿、一名女蘿として源順の『倭名類聚鈔』に出ており、和名をマツノコケともしてある［サルオガセは松蘿でもなければ女蘿でもない、マツノコケは古く深江輔仁の『本草和名』に末都乃古介と出て、これは松蘿を元として製した名であるからこれもサルオガセにはあたっていない。古の松蘿も女蘿もじつはその実物はなんであるのかよくは分らないものである］。小野蘭山の『本草綱目啓蒙』にはサルオガセの一名をサルノオガセ、ヤマウバノオクズ、ヤマウバノオガセ、サルガセ、キリサルガセ、クモノハナ、キヒゲ、ハナゴケ、キツネノモトユイとしてある。そして「木皮ニ生ズル処ハ一筋ニシテフトシ、末ニ枝多ク分レ下垂シテフサノ如シ、白色ニシテ微緑ヲオブ、フトキ処ヲシゴケバ皮細カニ砕テ離レズ、内ニ強キ心アル故数珠ノ形ノ如シ、故ニ弘法ノ数珠ノ変化ト云、和州芳野高野山野州日光山殊ニ多シ、長サ三五尺ニシテ至テフトシ、雨中ニハ自ラ切テ落」と書いてある。この蘭山の文でみても、サルオガセは上に述べた品であることが自から明かである。

岩崎灌園の『本草図譜』にサルオガセの図が出ているが、その品は明かに Usnea plicata *Hoffm.* var. annulata *Muell.* である。図上にその環状の模様が表わしてあるのは、これがその種たることを明示している。

毒麦

毒麦すなわちドクムギ！　貰い食料品の麦の仲間に毒麦があることを聞けば恐わいことに思われるが、イヤなにも心配無用、その毒麦は本当の麦の仲間ではなく、また本当の麦にはけっして毒はないからご安心のこと、そしてここに毒麦と銘打って出頭したのはそれはホモノ科（禾本科）のものではあるが、全く別属の品で名は毒麦でも麦とはなんの関係もない。しかし小麦粉を度々食料にする今日ただいままでは、この毒麦には吾不関焉《われかんせずえん》たるを得ない不安心が存する。

以前我が都民が配給の小麦粉を食って中毒したという風聞が頻々として耳朶《じだ》を打ったことがあった。当時私はこれを新聞で見たとき直ぐにも、ははあ、それは毒麦からの中毒ではなかろうかと直感した。数日を経て東京帝国大学農学部の佐々木喬農学博士も同じくそれは毒麦の中毒ではないかと推測せられた記事が新聞にでていたのを見て、同博士もやはり同じ感じだなと思った。しかるにある菌学者が言うのには、それは多分その小麦粉が湿気を帯びて何か黴が来、それから分泌した毒のためではなかろうかとのことであった。

ずっと以前、もう三十年（ママ）あまりにもなったろうが、我国の麦畑に諸所で毒麦の繁殖したことがあった。その後もどこかでボツボツは生じているのではなかろうかと思うこともあったが、少しばかり生えていたとて別に人の注意も惹かないので、その後私は全く毒麦のことは忘れていた。しかるに近年それが東京付近の地で少々生えていたことを知った。

いったいこの毒麦とはどんなものか。先ずこの禾本の学名をたずねると、それはLolium temulentum *L.*であって、その種名〔種小名〕のtemulentumとはぐでんぐでんに酒に酔うたことである。そして本品は欧州、北アフリカ、西シベリアならびにインドの原産である。一年生の草で独生あるいは叢生の稈《かん》は直立し、単一で分枝せず高さが三、四尺〔九〇~一二〇センチ〕にも達する。線形の緑葉を互生し、葉片下に稈を取り巻く長い葉鞘がある。細長一本ずつの緑色花穂は稈に頂生し、果穂は熟後褐色を呈し、小穂（学術語であって穐花《しゅうか》と称する）は穂軸に互生して二列生をなし、五ないし十一花よりなっている。苞状をなした一空穎は小穂より少しく長く、穀粒は小形で長楕円形を呈し白褐色である。

この毒麦がよく小麦畑に生えるので、その収穫のさい毒麦の穀粒が一緒に小麦の穀粒にまじることがある。そしてその毒麦の穀粒は刺激性、麻酔性の毒分を有し、それを食うとよく口に譫語を発し、胃に苦しい痙攣がおこり、心臓が衰弱し、睡気を催し、眩暈がしあるいは昏倒し、悪寒が来、嘔気を催しあるいは嘔吐し瞳孔が散大する。そしてこの有毒アルカロイドをテムリン（Temulin）と称する。

毒麦の俗名にはDarnel, Tares, Ivry, Poison rye-grassがある。

この毒麦の属するLolium属《(ママ)》には通常なお二つの種があって、早くも他の牧草とともに我国に入って来て今はすでに帰化植物となっている。すなわちその一つはLolium perenne *L.*で俗にRye-Grassといい、ホソムギの和名があり、その花には芒《のぎ》がない。またその一つはLolium multiflorum *Lam.*（= *Lolium italicum* A. Br.）で俗にItalian Rye-Grassと称え、ネズミムギの和名を有し花に芒がある。この有芒無芒の点で容易にこのホソムギ、ネズミムギの区別がつく。

馬糞蕈

馬の糞や腐った藁に生える菌に馬糞蕈すなわちマグソダケというのがあって、マツタケ科のマツタケ亜科に属しPanaeolus fimicola *Fries*（= *Coprinarius fimicola* Schroet.）の学名を有している。そして、この種名〔種小名〕のfimicolaは糞上もしくは肥料上に生じている意味である。最古の字書の『新撰字鏡』には菌の字の下に宇馬之屎茸と書いてあるところからみれば、この名はなかなか古い称えであることが知られる。

この菌は直立して高さは二寸ないし五寸〔六〜一五センチ〕ばかりもある。茎は痩せ長くて容易に縦に裂ける。蓋《かさ》は浅い鐘形で径五分ないし一寸〔一・五〜三センチ〕ばかり、

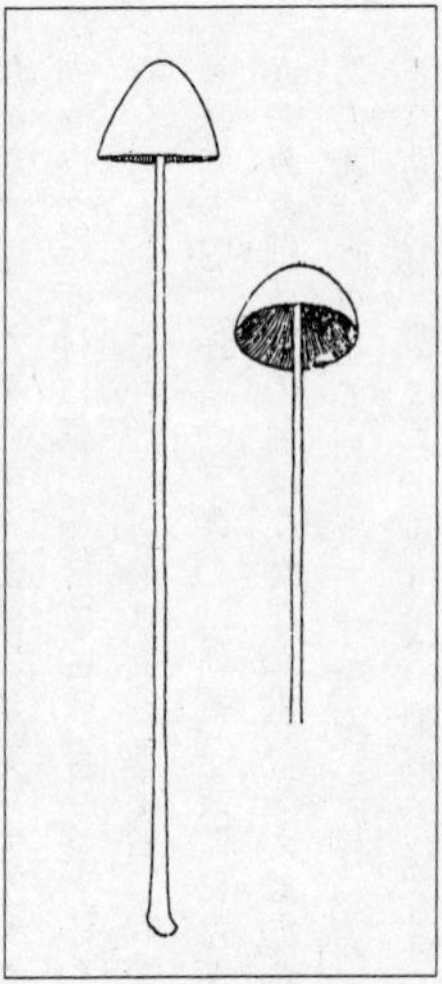

マグソダケ（馬糞蕈）［食用］
Panaeolus fimicola *Fries*
= *Coprinarius fimicola* Schroet.
= *Agaricus fimicola* Fries.

灰白色で裏面の褶襞《ひだ》は灰褐色である。全体質が脆く、一日で生気を失いなえて倒れる短命な地菌である。

昭和二十一年九月十一日に来訪した小石川植物園の松崎直枝君から、このマグソダケが食用になり、それがまたすこぶるうまいということをきいて私は大いに興味を感じた。

この菌がかく美味である以上は、大いにこれを馬糞、腐った藁に生やして食えばよろしい。春から秋まで絶えず発生するというから、随分と長い間賞味することが出来る訳だ。

これが馬糞へ生えるのはちょうど彼のいわゆるシャンピニオンのハラタケ（田中延次郎命名）一名野原ダケ（拙者命名）すなわち Psalliota campestris *Fries*（= *Agaricus campestris* L.）が連想せられる。このシャンピニオンが培養せられるときには馬糞が使用せられる。それはその生える床に熱を起こさせんがためである。

一茶の句に「余所並に面並《なみ》べけり馬糞茸」というのがある。

今次ぎに私のまずい拙吟を列べてみる。

食う時に名をば忘れよマグソダケ

その名をば忘れて食へよマグソダケ

見てみれば毒ありそうなマグソダケ

恐《こ》はごと食べて見る皿のマグソダケ

食てみれば成るほどうまいマグソダケ

マグソダケ食って皆んなに冷かされ

家内中誰も嫌だとマグソダケ

嫌なればおれ一人食うマグソダケ

勇敢に食っては見たがマグソダケ

馬勃（オニフスベ）にもウマノクソタケの名があるが、上のマグソダケとは無論別である。

大正十四年八月に、飛騨の高山の町で同町の二木長右衛門氏に聞いた話では、「馬糞ナドニ生エル馬糞菌ヲ喜ンデ食フコトガアル」とのことであった。また「何レノ菌デモ一度煮出シ置キ其後ニ調食セバ無毒トナリ食フ事ガ出来ル」とのことも聞いた。この高山町では漬物の季節に当たって、近在から町へ売りに来る種々な菌を漬物と一緒にそれへ漬け込むのである。同町では定まった漬物日があって年中行事の一つとなっており、その日に各家で漬物をする。その漬物桶が家によってはとても結構なのが用意せられているとのことである。これは他国では見られぬ珍らしい習俗である。そして当時その中へ漬ける蕪は同地普く栽培せられてある赤カブであったが、今はどうなっているだろうか。また右漬物用の菌はどんな種類であるのか調査してみたいものだ。日本の菌学者はこの好季に一度見学に出陣してはどうか、必ず得るところがあるのは請合だ。

昔の草餅、今の草餅

草餅に昔の草餅と今の草餅とのふた通りがある。昔の草餅は今日はほとんど跡を断って、僅に存する程度である。

昔は草餅をこしらえるには、みなホウコグサ(ホーコグサ)[ハハコグサすなわち母子草の名は実はこの草本来の名ではなく、これは昔『文徳実録《もんとくじつろく》』という書物の著者が、よい加減な作り話をその書物の中へ書いたので、それがもとでこの名がその時から生じた。母子草なんていう名はそれ以前には全くなかった」すなわち鼠麴草《ソキクソウ》の葉を用いた。このホウコグサはキク科のGnaphalium multiceps *Wall.* で、北インド、中国、ならびに日本に分布した越年草であって、我国では『本草綱目啓蒙』によれば古名オギョウのほかトウコ、トウゴ、モチバナ、モチブツ、コウジブツ、モチヨモギ、ジョウロウヨモギ、ゴキョウブツ、ゴキョブツ、ゴキョウヨモギ、トノサマヨモギ、トノサマタバコ、カワチチコ、コウジバナ、ツヅミグサ、ネバリモチ、モチグサの沢山な名が挙げられてある。

青木昆陽《あおきこんよう》（甘藷先生といわれる学者）の『昆陽漫録《こんようまんろく》』に「我国ノ古ヘノ草糕［牧野いう、糕はモチ］ハ鼠麴草《ソキクソウ》ナリ」とある。また

今ノ艾糕《ガイコウ》ハ朝鮮国ヨリ伝ヘシニヤ朝鮮ハ我国ヘ近キユヘ我邦ノ風俗ノ移リタルニヤ朝鮮賦注ニ艾糕アリ其文左ノ如シ。

三月三日取㆓嫩艾葉㆒雑《へ》㆓秔米粉㆒蒸《ニ》為《シテ》㆑糕謂㆓之艾糕㆒

とある。糕はモチ、秔は粳と同じウルチネである。

我国春の七草の内に御行《オギョウ》（五行《ゴギョウ》と書くは非）がある。このオギョウはすなわち鼠麴草のホウコグサである。この時代には食物としてもこれを用いたことが分かる。今日でも千葉県上総、鳥取県因幡のある地方ではこれで草餅をつくることがある。すなわち上総山武郡

の土気地方では、十二月から一月にかけて村の婦女子等が連れ立ってホウコグサの苗を田の畦などへ摘みに出でて採り来り、それを充分によく乾燥させる、そしてこの材料を入れて粟餅《あわもち》を製するのだが、その時は粟を蒸籠《せいろう》に入れその上に乾かしておいたホウコグサを載せて搗き込むと粟餅が出来るのである。このホウコグサを入れたものを入れぬものと比べると、入れた方がずっと風味がよい。そしてこの風習が今日なお同地に遺っていると友人石井勇義《ゆうぎ》君の話であった。しかしこんな習慣は次第になくなる傾向をたどっているようだ。

昔は旧暦三月三日の雛祭すなわち雛の節句には各家で草餅をこしらえたものだ。しかしホウコグサは葉が小さい上に量も少なく、緑色も淡く別に香気もないから、この草を用いることは次第に廃れゆき、さらに野に沢山生えていて緑の色も深くかつよい香いのするヨモギ（艾《ガイ》である、蓬と書くのは大間違いで蓬はけっしてヨモギではない）がこれに代わって登場したものである。ゆえにこのヨモギを一般の人々はモチクサ（餅草）と呼んで、誰もよく知っている。

ホウコグサもヨモギも餅にするには元来その葉の綿毛を利用したもので、往時は一つにはこれを餅の繋ぎにしたものだ。今日ヤマボクチ（通常ヤマゴボウと呼び、また所によってはネンネンバと称えている）も葉裏の綿毛を利用して餅に入れ、また所によってはキツネアザミ、ホクチアザミなども用いられる。今日では餅に粘り気の多い糯米を用いるからそんな繋ぎは入用がないようだが、昔は多分粳《ウルチ》を用いたろうから自然繋ぎの必要を感じたのであろう。

ハナタデ

蓼《タデ》の属にハナタデすなわち花蓼というものが前々からあり、それが岩崎灌園の『本草図譜』巻之十七に出ていて「ハナタデ、道傍に多し形青蓼に似て花淡紅色なり小児アカノマンマ」と呼ぶと書いてある。また水谷豊文《ほうぶん》の『物品識名拾遺《しきめいしゅうい》』にも「ハナタデイヌタデノ類ニシテ花紅色馬蓼ノ一種」と出ている。すなわちこれはこれらの書物に書いてあるように、東京の女の児などが、アカノマンマ（赤の飯）、あるいは地方の子供などがキツネノオコワ（狐の御強飯）と呼んで遊ぶものである。

ハナタデとはなぜこれにそんな名を負わせたかというと、その花穂が紅色ですこぶる美観を呈するからである。秋になってそのよく繁茂した株ではその茎枝を分って四方に拡がり、それに多数の花穂が競い出て赤い花が咲いている秋の風情はなかなか捨て難いものである。これにたまたま白花品があって、これがシロバナハナタデと呼ばれる。

今日我が植物学界ではこのハナタデをイヌタデと呼んでいる。これは飯沼慾斎《いいぬまよくさい》の『草木《そうもく》図説《ずせつ》』に従ったものだ。しかしこのイヌタデの名は元来間違っているから、今これを矯正

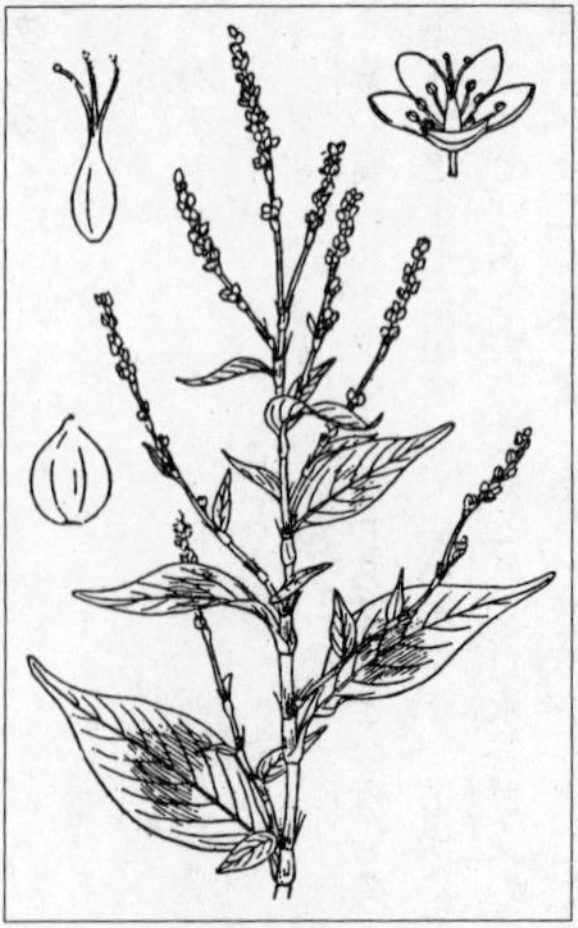

ヤブタデ（誤称ハナタデ）

ハナタデ一名アカノマンマ
（誤称イヌタデ）

する必要を認める。そこで私は今後この種から間違っているイヌタデの名を褫奪《ちだつ》して、これを本来の正しい名のハナタデに還元させることに躊躇しない。

今日いう、ハナタデの名も上の『草木図説』に従ったものだが、これも誤りであるから私は新たにこれをヤブタデと名づけた。その花穂は瘦せ花は小さくて貧弱、色は淡紅紫で浅く、けっして花タデの名にふさわしくない。私は以前からこんな花のものがどうして花タデの名であるのかと常にこれを怪しんでいたが、果たせるかな本当のハナタデはこれではなかった。

イヌタデ

元来蓼《タデ》はその味の辛いのが本領であって、『秘伝花鏡《ひでんかきよう》』にも「蓼ハ辛草也」とある。すなわちその辛辣な味が貴ばれる。そこでこの辛味ある蓼を本蓼《ホンタデ》とも真蓼《マタデ》ともいっている。そしてその辛味のないものを犬蓼《イヌタデ》と称する。すなわち役立たぬ蓼の意である。大槻博士の『大言海《だいげんかい》』によれば、タデは「爛レノ意ニテ口舌ニ辛キヨリ云フト云フ」と出ている。

小野蘭山の『本草綱目啓蒙』馬蓼イヌタデの条下に「品類多シ野生シテ辛味ナク食用ニ堪ザル者ヲ皆イヌタデ或ハ河原タデト呼ミナ馬蓼ナリ」とある。これでみるとイヌタデとは一種の蓼の名ではなく、すなわち辛くない蓼の総称である。ゆえにアカノママの一つを特にイヌタデと限定した名で呼ぶのはよろしくない。

昔にはオオケタデすなわち蓼草をイヌタデといったが、今日は既にこの名は廃絶している。そしてこれは深江輔仁の『本草和名』に「和名以奴多天」と出ているから最も古く一千余年も前からの名であることが知られる。

日本で辛味のある蓼はただ一種ヤナギタデ（アザブタデがじつはヤナギタデで、この蓼は野生はなく圃につくってあって、その葉を料理に用いる）すなわち Polygonum Hydropiper

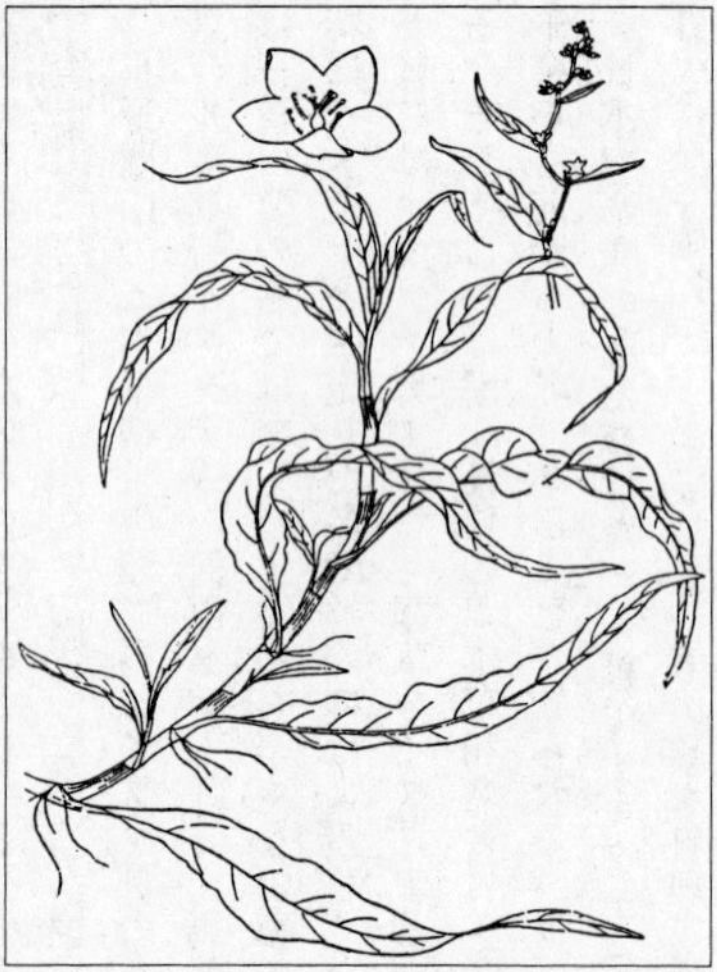
カワタデ一名ミゾタデ（飯沼慾斎著『草木図説』）

L. があるだけである。その原種は水辺に野生してこれは敢えて食用に利用せられてはいないが（無論利用は出来る）、これから変わって出た上のアザブタデほかのムラサキタデ、アイタデ、ホソバタデ、イトタデなども多く人家に栽えてあって、同じくその葉が食用に供せられる。

ヤナギタデが水中に生活するときは往々冬を越して青々としている。彼のカワタデまたはミゾタデと呼ぶものは流れる水底に生きている。『草木図説』巻之七カハタデ一名ミゾタデ（『新訂草木図説』ではミゾタデとなっている）の条下に図を載せ、「山辺清流ノ中ニ生ジ。流ニ従ツテ長ク水底ニ引キ。節々根ヲ下ス。葉ヤナギタデニ似テ長ジテ尖鋭。鞘葉籜《タク》他ノ蓼類ト同ジク。籜中枝ヲ出シ簇々《ソウソウ》繁茂シ。四時常ニ衰ヘズ。冬猶青翠芽ヲ出シ。味至テ辛ク可食偶々浅瀬ニアツテ擡起スレバ秋花アリ。家蓼ヨリハ大ニシテ半開白色淡緑暈アリ。蕾ニアツテハ尖ニ淡紅暈ヲミル。二柱六雄蕋ナルコト亦ヤナギタデノ如シ。常ニ水底ニアレバ開花ニ不及。

籡中ニ於テ直ニ結実スルニ至ル」と書いてある。

早春、水に湿った田に往々低い茎のあるいは立ちあるいは横斜したヤナギタデが越冬して残り、田面をわたる東風に揺れつつ早くも開花結実しているのを見かけるが、これはなんら他の種ではなく、別になんらの名を設ける必要もなく、やはりそれは Polygonum Hydropiper *L.* にほかならない。私は前々から時々これに出会っているからよくその委細を呑みこんでいる。軽率な人はこれを別種のものとしているが、それはけっして穏健な意見ではない。

ボントクタデ

ボントクタデ、ちょっと意味の分りかねるおかしな名前の蓼なので、私は久しい間なんとかその訳が知れんもんかと思っていた。

以前備中で植物採集会があって、私は集まった会員を指導しつつ野外の地を歩いた。その時はちょうど秋であって、折りから路傍にあったこの蓼をボントクタデといって会員に教えた。ところが会員がしきりにクスクス笑うので不審に思い、その訳を聴きただしてみたところ、会員の一人が言うには、この辺ではポンツクのことをボントクというのだと答えた。私ははあ成るほどとこれを聴き、初めてボントクの意味が判かり大いに啓発せられたことを悦んだ。すなわちそれは蓼は辛い味のものだと相場が極まっているが、この蓼は一向に辛くないので馬鹿タデすなわちポンツクタデの意で、それでボントクタデだということが初めてこの会のとき明瞭となった訳だ。ただしひとりその実を包む宿存萼には特に辛味があるので、この点は僅かにポンツクを逃れて本当の蓼らしいのが面白い。

しかしこの蓼はその味からいえばポンツクだが、その姿からいえばまことに雅趣掬すべ

ボントクタデ（飯沼慾斎著『草木図説』の図）（下方の花穂の一部ならびに果実の二つは牧野補入）

き野蓼で、優に蓼花の秋にふさわしいものである。茎は日に照り赤色を呈して緑葉と相映じ、枝端に垂れ下がる花穂の花は調和よく紅緑相雑わり、それが水辺に穂を垂れている風姿はじつに秋のシンボルであって、他の凡蓼の及ぶところではない。私はこの蓼がこの上もなく好きである。あまり好きなので柄にもなく左の拙吟を試みてみたが、無論落第ものの標本であろう。

紅緑の花咲く蓼や秋の色
水際に蓼の垂り穂や秋の晴れ
我が姿水に映つして蓼の花
一川の岸に穂を垂る蓼の秋
秋深けて冴え残りけり蓼の花

婆羅門参

キク科の一植物に、我国植物界で婆羅門参、すなわちバラモンジンと呼んでいる南欧原産の越年草があって *Tragopogon porrifolius L.* の学名を有する。そしてこれを一つにムギナデシコというのであるが、これはその緑の葉が軟くて長くてあたかも麦の葉のようで、そしてその紫色の花をナデシコのに擬したものである。このムギナデシコの名はふるく徳川時代の嘉永年間頃に出来たものだが、このムギナデシコに対しての名のバラモンジンは新しく明治年間に付けたもののようだ。私の知るところでは明治八年に発行になった田中《たなか》芳男《よしお》、小野《おの》職愨《もとよし》増訂の『新訂草木図説』にこの名が初めて出ているから、多分あるいはその頃に用い始めたものであろうか。そして右田中、小野の両氏がどこからこの名を釣出して来たのか、今私には不明である。彼のロブスチード氏の『英華字典』などにもそんな名は見付からない。私はその出典が知りたいのだが、そのうちどこかから捜し出してみようと思っている。もしも誰か御承知の御方があれば私の蒙を啓いていただきたい。

元来このTragopogon porrifolius *L.*をバラモンジンと名づけたのは不穏当であった。何んとなれば婆羅門参はヒガンバナ科のキンバイザサすなわち仙茅《センボウ》の一名であるからである。李時珍《りじちん》の『本草綱目』によれば、仙茅の条下に「始メ西域ナル婆羅門ノ僧、方ヲ玄宗ニ献ズルニ因テノ故ニ、今江南ニテ呼ンデ婆羅門参ト為ス、言フコ、ロハ其功ノ補スルコト人参ノ如ケレバナリ」（漢文）と述べている。すなわち婆羅門参の由来はこの如くであって、それはキンバイザサの名にほかならない。

このムギナデシコは欧州ではSalsify, Vegetable-Oyster（植物牡蠣《カキ》）Oyster-Plant（牡蠣植物）Oyster-root（牡蠣根）Purple Goat's-beard（紫山羊《ムラサキヤギ》鬚《ヒゲ》）Jerusalem Star（「エルサレ

ム」ノ星）Nap-at-Noon（昼寝草《ヒルネグサ》）といわれ、その直根は軟くて甘味を含み、多少香気もありかつ滋養分もあるので食品として貴ばれる。またこれは発汗剤になるともいわれ、そしてその極く嫩い葉はサラドとして美味である。

属名の Tragopogon は Tragos（山羊《ヤギ》）pogon（鬚《ヒゲ》）のギリシャ語から成ったもので、それはその長い冠毛の鬚に基づいて名づけたものであろう。そして種名の porrifolius はリーキ葉ノという意味だが、このリーキはネギ属（Allium）の Leek で Allium porrum *L.* の学名を有しニラネギと呼ぶものである。今我国でも所により作られている。

茶の銘玉露の由来

製したお茶の銘の玉露（ギョクロ）は今極く普通に呼ばれている名であることは誰も知らない人はなかろう。ところがこれに反して、その玉露の名の由来に至っては、これを知っている人は世間にすくないのではないかと思う。

明治七年（1874）十一月に当時の新川県《にいかわ》（今の富山県の一部）で発兌《はつだ》になった『茶園栽培問答』と題する書物があって、同県の茶園連中が山城の茶名産地宇治から教師を聘して茶のことを問いただし、その教師の答を記したものである。その中に「玉露の由来」という一項があって問答しているから、次にこれを抄出する。

問　玉露と云茶は如何の茶にて何故玉露　と申す訳でござる。

答　玉露は覆《おおい》をせし茶の総名でござる今より四十年足らず先より始まりたる茶にて其由来は去る頃大阪の竹商人某と云者折々宇治に来り濃茶薄茶を製するを見てふと心付此葉を以て煎茶に製せん事を木幡村の一ノ瀬と云人に頼み製しめしに元来肥え物の沢山に仕込たる茶なるが故に揉む時分に手の内にねばり付き葉は尽《ことごと》く丸く玉の様に出来上りたるを其儘急須《きゆうす》に入れ試みしに実に甘露の味ひを含めり是より追々此製世に広まりたり其始め玉の様にて甘味あるを以て誰れ言となくたまのつゆと名付しものを今は音読みして玉露と名付し訳でござる。

しかるに大槻文彦《おおつきふみひこ》博士の『大言海』には「ぎョくろ　玉露　製茶ノ銘、上品ナル煎茶ノモノ　文化年中ヨリ、山城宇治ニテ製シ始ム、其葉ヲ蒸ス時、上ニ新藁ヲ覆ヒトシ、ソレヨリ滴ル露ヲ受ケテ、甘味ヲ生ズト云フ」とあって、その玉露の語原がいささか前説とは違っている。これはいずれが本当か。そしてこの『大言海』の説はなんの書から移したものか今私には分らないが、その玉露の語の原因はどうも前説の『茶園栽培問答』の方が真実であるように感ずる。

御会式桜

毎年十月十三日は、弘安五年（1282）に、武州池上の本門寺で入寂した日蓮上人忌日の御会式《おえしき》で、またこれを法花会式《ほっけえしき》とも御命講《おめいこう》とも日蓮忌ともいわれる。この会式の催される時分にちょうど花の咲くサクラがあって、通常これは御会式桜《オエシキザクラ》と呼ばれ、往々それをお寺の庭などにも見受けるのだが、ありがた連中、随喜の涙にむせぶ連中はこのサクラの開花を仰ぎ見て、さも仏様の功徳によってそれが自然へ感応し、さてこそその花が有情に開くのだと感銘しているのであろう。そして世の中にこんな連中があればこそ仏様も立ちゆく訳で、一万歳であり万々歳であろう。世間は広いので商売の工夫も商売道具もいろいろとあるもんだ。

さてこのサクラたるや、何も御会式とはなんの関係もなくまたなんの因縁もない。ゆえに御会式があろうがあるまいが、時が来れば吾不関焉《われかんせずえん》と咲き出づる、ちょうどこの秋時分に狂花《かえりざき》のように開花するためにこのサクラが利用せられているのである。サクラ喜こべサクラ喜こべ、オマエの運が回って来た。

このサクラの本名は十月《ジュウガツ》ザクラというもんだ。すなわち彼岸《ヒガン》ザクラ（東京の人のいうヒガンザクラは『大和本草』にあるウバザクラで、一つにウバヒガンと呼ばれまたアヅマヒガンともエドヒガンとも称えられるものである）一名小ザクラの一変種で、私は早くからこれを研究して Prunus subhirtella *Miq.* var. autumnalis *Makino* の学名をつけて発表しておいた。

この十月ザクラは絶えて野生はないのだが、国内諸所に植わっており、何も珍種と称するほどのものではない。秋季に一番よく花が咲き、そして冬を越して春になってもまた花が咲くのだが、しかし秋よりは樹上に花の数が少ない。その花は小さくて淡紅色で普通には半八重咲だが、また一重咲のものもある。そして秋の花には往々多少は枝に葉を伴っている。大和奈良公園二月堂の辺にもこのサクラが一本あった。奈良ではこれを四季《シキ》ザクラと呼んでいる。

贋の菩提樹

往々お寺の庭に菩提樹《ボダイジュ》と唱えて植わっている落葉樹があって、幹は立ち枝を張って時に大木となっている。お寺ではこれを本当の菩提樹だと信じて珍重し誇っているが、豈《あ》に図らんや、これはみな贋の菩提樹で正真正銘のものではないことに気がつかないのは情けない。殊に小さい円いその実で数珠を作って、これを爪繰り随喜しているのはなおもって助

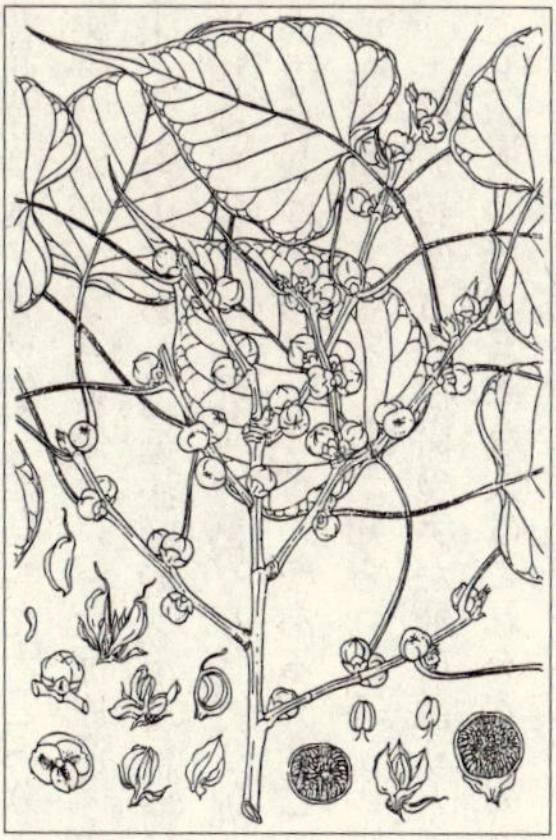

菩提樹（Ficus religiosa *L.*）インド産菩提樹の真品（いわゆるインドボダイジュ）

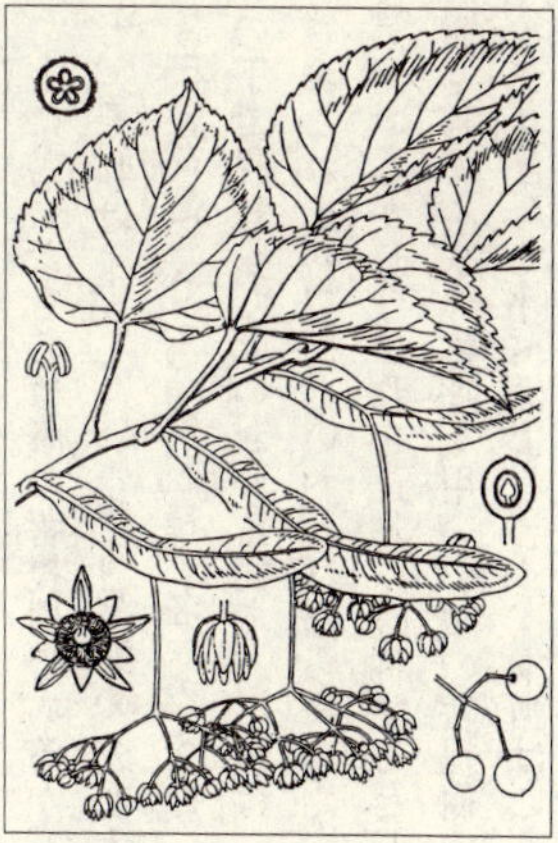

ボダイジュ（贋の菩提樹）（Tilia Miqueliana *Maxim.*）
原図、ただし果実ならびに花の図解剖諸事は白沢保美著『日本森林樹木図譜』による

からない。

このいわゆる菩提樹はもと中国での誤称をその植物渡来と共に日本に伝えたものである。そしてこの樹は中国の原産でシナノキ科に属し Tilia Miqueliana *Maxim.* の学名を有する。宝永六年（1709）に発行せられた貝原益軒の『大和本草』に「京都泉涌寺六角堂同寺町又叡山西塔ニアリ元亨釈書《げんこうしゃくしょ》ニ千光国師栄西入宋ノ時宋ヨリ菩提樹ノタネヲワタシテ筑前香椎ノ神宮ノ側ニウエシ事アリ報恩寺ト云寺ニアリシト云此寺ハ千光国師モロコシヨリ帰リテ初テ建シ寺也今ハ寺モ菩提樹モナシ畿内ニアルハ

昔此寺ノ木ノ実ヲ伝ヘ植シニヤ」とあり、昭和四年六月発行の白井光太郎博士著『植物渡来考』ボダイジュの条下に「支那原産、本朝高僧伝及元亨釈書に後鳥羽帝の御宇僧栄西入宋し天台山にあり道邃《どうずい》法師所栽の菩提樹枝（果枝ならん）を取り商船に付し筑前香椎神祠に植ゆ、実に建久元年［牧野いう、一一九〇年］なり、同六年天台山菩提樹を分ちて南都東大寺に栽ゆとあり」と書いてある。今これらの記事によると、この菩提樹渡来は相当ふるい年所をへていることが知られる。

　このいわゆる菩提樹の実が飛び散り人は植えないが、時に山地に野生の姿となっていることがあって、軽率な人はこれを本来の自生だといっているが、それは無論誤解であって本種は断じて我が日本には産しない。

　上に書いたものは贋の菩提樹であるが、しからば本当の菩提樹とはどんなものかというと、それはインドに産する常磐《ときわ》の大喬木で無花果属すなわちイチジク属に属し *Ficus religiosa L.*（この種名〔種小名〕の *religiosa* は宗教ノという意味）の学名を有し、釈迦がその下で説教したといわれる樹で、吾らはこれを印度《インド》菩《ボ》提樹《ダイジュ》と呼んでいる。しかし元来はまさにこれを菩提樹といわねばならんのだが、贋ながらも上のように既に名を冒している次第だ。しかし今これを正しく改称するとしたら、インドの *Ficus religiosa L.* の方を菩提樹として本来の称呼を用い、贋の菩提樹の *Tilia Miqueliana Maxim.* の方をシナノキボダイジュとして呼べばよろしく、本当はこうするのがリーズナブルだ。

インドボダイジュの実は形が小さくて円いけれど、元来が無花果的軟質の閉頭果であるから、もとより念珠にすべくもない。

菩提樹について『翻訳名義集《ほんやくめいぎしゅう》』によれば、この樹は一つに畢鉢羅《ヒッパツラ》樹と称する。仏がその下に坐して正覚を成等するによって、これを菩提樹というとある。またこの菩提樹は梵語ではピップラといい、ヒンドスタン等ではピッパル、ピパルあるいはピプルと呼ばれるとの事だ。

小野蘭山先生の髑髏

この蘭山小野先生の髑髏の写真はじつに珍中の珍で容易に見ることの出来ないものである。ここに文化七年（1810）に物故せるこの偉人の髑髏を拝することを得たる事実は、この上もない幸運であるといえる。先生の幾多貴重な名著、殊に白眉の『本草綱目啓蒙』四十八巻のような有益な書物は、生前この髑髏の頭蓋骨内に宿った非凡な頭脳からほとばしり出た能力の結晶であることを想えば、今ここにこの影像に対してうたた敬虔の念が油然として湧き出づるのを禁じ得ない。私においてはもとよりであるが、併せて読者諸彦《しょげん》に対しても同じくこの尊影に向って合掌せられんことを御願いする。

小野蘭山先生の髑髏

ホルトソウ
半枝連、続随子（小野蘭山筆）

蘭山先生はもと京都の人で名を職博《もとひろ》と称え、俗称を記内といった。そして我国本草学中興の明星であり、四方の学徒その学風を望んでみな先生を宗とし、あたかも北辰其所に居て衆星これに共《むか》うが如くに、その教えに浴したものである。

二十五歳の時代から自邸において弟子を集め本草学を講義していて敢えて官途には就かなかった。先生は若いときから読書が好きで松岡恕菴《まつおかじょあん》の門に学び本草の学を受けた。非常に物覚えのよい人で一度見聞きしたことは終生忘れなかった。

七十一歳に達したとき幕府に召されて東都（東京）に来り、医官に列して本草学と医学とを医学館で講義した。そして時に触れては諸国へ採薬旅行を試みた。そして先生の書斎衆芳軒はまるで雑品室のようで、室内には書籍や参考資料や研究材料がイヤというほど一杯に満ちて足のふみ場もなく、先生は僅かにその間に体を容れて坐り机に向かってあるいは書を読みあるいはそれを筆写しまたは抄録しまた実物を研鑽せられた。その間気が向けば笛を吹き興が湧けば詩をも賦せられた。シーボルトは先生を日本のリンネだと称讃した。先生は元来近眼であったが眼鏡は掛けなかった。そして灯下で字を写すにも平気で筆を運ばせ、また草木の写生図もよくした。松岡恕菴の『蘭品《らんぴん》』並に島田《しまだ》充房《みつふさ》の『花彙《かい》』に先生の描かれた見事な図がある。

先生は享保十四年（1729）八月二十一日に京都の桜木町で生まれたが、前記の如く文化七年（1810）正月二十七日に八十二歳の高齢に達して東都医学館の官舎で病歿し、浅草田島町の誓願寺に葬られて墓碑が建った。

この偉人の墳塋《ふんえい》は右に記したように誓願寺に在ったのだが、後ち昭和四年に練馬南町の迎接院（浄土宗）に改葬せられた。そして改葬の際先生の髑髏がその後裔によって親しく撮影せられ、私は同遺族小野家主人の好意でこの写真を秘蔵する光栄に浴し得たのである。

秋海棠

私はこれまでに秋海棠が日本に自生していると聞かされたことが一再ではなかった。が、

自然の姿となっている紀州那智山の秋海棠（太田馬太郎君寄贈）

しかし秋海棠は断じて我国には自生はない。それがあるように見えるのは、もと栽えてあったものから解放せられて自生の姿を呈しているので、そこで軽忽な人を瞞化しているにすぎない。そしてその自生姿を展開し繁殖している場所がいつも御寺の境内とかまたはその付近とかに限られている。例えば紀州の那智山とか房州の清澄山とかにそれがあるというのもまたこの類にすぎない。野州のある寺の付近の斜面崖地にもまた同じく自由に繁殖しているところがあった。

元来秋海棠は群を成して繁殖しやすい性質をもっている。すなわちそれは主としてその体上に生じている多くの肉芽からである。この肉芽は無論空中を飛ばないからその繁殖は大分限定せられている。花後の果実からも無数の軽い砕小種子が散出するから、この種子からもまた新苗の萌出することがある訳だが、私はまだ右種子からの仔苗を見ない。

秋海棠は中国名すなわち漢名である。これを音読したシュウカイドウが和名となっている。元禄十一年（1698）に出版された貝原損軒《そんけん》（益軒）の『花譜』には「正保《しょうほう》の比《ころ》はじめてもろこしより長崎へきたる」と述べ、また宝永六年（1709）出版の同著者『大和本草』によれば秋海棠の条下に「寛永年中ニ中華ヨリ初テ長崎ニ来ル、ソレヨリ以前ハ本邦ニナシ花ノ色海棠ニ似タリ故ニ名ヅク」と書いてあるが、同人の著書でありながら一つは正保といい一つは寛永という、果たしてどれが本当か。そして上文でみても秋海棠が我が日本の産でないことが判るので、日本にその自生がある訳がないことがうなずかれる。

秋海棠は真に美麗な花が咲き何んとなく懐しい姿である。さればこそ陳淏子《ちんこうし》の『秘伝花《ひでんか》鏡《きょう》』にも秋海棠の条下に「秋色中ノ第一ト為ス――花ノ嬌冶柔媚、真ニ美人ノ粧ニ倦ムニ同ジ」と賞讃して書き「又俗ニ云フ、昔女子アリ人ヲ懐テ至ラズ、涕涙《ているい》地ニ洒ギ遂ニ此花ヲ生ズ、故ニ色嬌トシテ女ノ面ノ如シ、名ヅケテ断腸花ト為ス」とも書いてある。このことはまた『汝南圃史《じょなんほし》』にも出ている。

秋海棠はジャワならびに中国の原産であって Begonia Evansiana *Andr.* の学名を有し、またさらに *Begonia discolor* R. Br. ならびに *Begonia grandis* Dryand. の異名がある。

不許葷酒入山門

各地で寺の門に近づくと、そこによく「不許葷酒入山門」と刻した碑石の建てあることが目につく。この葷酒《くんしゅ》とは酒と葷菜とを指したものである。また時とすると「不許葷辛酒肉入山門」と刻してあるものもある。この戒めは昔のことであったが、肉食妻帯が許されてある今日では、もし碑を建てれば、多分その碑面へ「歓迎葷酒入山門」と刻するのであろうか。時世が違って反対になった。

右の葷菜とは元来五葷といい、また五辛と呼んで口に辛く鼻に臭ある物五つを集めた名で、それは神を昏まし性欲を押さえるために用いたものといわれる。

明の李時珍がその著『本草綱目』に書いたところによれば、「五葷ハ即チ五辛ニシテ其辛臭ニシテ神ヲ昏マシ性ヲ伐《ウ》ツヲ謂フナリ、錬丹家〔牧野いう、身体を鍛練して無病健康ならしめる仙家の法〕ハ小蒜、韮、芸薹、胡荽ヲ以テ五葷ト為シ、道家ハ韮、薤、蒜、芸薹、胡荽ヲ以テ五葷ト為シ、仏家ハ大蒜、小蒜、興渠、慈葱、茖葱ヲ以テ五葷ト為シ、各同ジカラズト雖ドモ、然カモ皆辛薫ノ物、生食スレバ恚《イカリ》ヲ増シ、熟食スレバ婬ヲ発シ性霊ヲ損ズ故ニ之レヲ絶ツナリ」と述べてある。右文中にある韮はニラで韭と同じである。芸薹はすなわち蕓薹でウンダイアブラナ（私の命名）の和名を有し、今日本でも搾油用として作っている。そして従来日本でのアブラナへこの蕓薹の漢名が用いてあるが、それは誤りであって、この日本のアブラナには漢名はない。胡荽はカラカサバナ科のコエンドロ、薤はラッキョウ、興渠は一名薫渠で強臭のある阿魏《アギ》すなわちAsafoetidaである。そしてこれを採取する原植物は*Ferula foetida Reg.*でカラカサバナ科に属しペルシャ辺の産である。慈葱は冬季のネギすなわち冬葱でフユネギである。そして茖葱はギョウジャニンニクで山地に自生し葉の広いものである。

　そこで問題解決で筆を馳せ云々せにゃあならんことは、小蒜と大蒜との件である。すなわちこの大蒜とはニンニクで一つに葫《こ》と呼ばれているものである。そしてこの小蒜は単に蒜と書いてあるものと同じで、それはニンニクに似た別の品種であるが、じつは私はこれの生品を一度も見たことがないのは残念だ。昔の『本草和名』だの、『本草類編』だの、また『倭名類聚鈔』だのにこれを古比留または古比流すなわちコビルといっているのは、何も実物を親しく見ての名ではなく、これは漢名小蒜の二字に基づいた紙上の名であるといってよい。またこれを米比流というのは女ビルか雌ビルかの意で小蒜から思いついた同じく紙上の名である。そしてこの小蒜はもとは野生のものを栽培して出来たように書いてある。だからそれに沢蒜だの山蒜だのの名があっても、今はこの小蒜は野生の品とは異なったものであると中国の昔の学者は弁じているが、按ずるにこれはいつか中国へはいった外国産であろうと思う。とにかく小蒜は中国で栽培せられている一種のニンニク式の品で葉を連ねてその根を煮て食うものである。李時珍がその著『本草綱目』の蒜の条下でいうには「家蒜ニ二種アリ、根茎倶ニ小ニシテ弁少ナク辣甚ダシキ者ハ蒜ナリ小蒜ナリ、根茎倶ニ大ニシテ辣多ク辛シテ甘ヲ帯ブル者ハ葫ナリ大蒜ナリ」（漢文）と述べている。また宋の宗奭《そうせき》がその小蒜の形状をいって「小蒜ハ即チ蒚《ユウ》ナリ、苗ハ葱針ノ如ク、根白ク、大ナル者ハ烏芋［牧野いう、オオクログワイである、我国の学者がこの烏芋をクログワイといっているのは誤りである］ノ如ク子根［牧野いう、子は苗か］ヲ兼テ煮食フ、之レヲ宅蒜（宅は沢の誤りだといわれる）ト謂フ」（漢文）としてある。

中国では蒜すなわち小蒜は土産品として従来からあったもの、すなわち中国産品であるが、大蒜は漢の時代に西域の胡国から来たもので葫ともまた胡蒜ともいわれている。かく大蒜が外から中国にはいってきたので、そこで中国で従来からの蒜を小蒜と呼ぶようになった訳だ。愚考するにこの小蒜が多分 *Allium sativum L.* すなわち Garlic そのもので、これは松村任三《まつむらじんぞう》博士の『改訂植物名彙』前編漢名之部に出ている小蒜すなわち蒜である。松岡恕菴の『用薬須知《ようやくすち》』に小蒜をノビルとしてあるのは非である。また『倭漢三才図会』に蒜すなわち小蒜をコビル、メビルとしてあるのは古名に従ったので、それはよいとして、さらにこれをニンニクとしてあるのはよろしくない。また大蒜すなわち葫（古名オオヒル）をオオニンニクとしてあるのも不必要な贅名で、これは単にニンニクでよい訳だ。そして葫すなわち大蒜のニンニクの学名は Allium sativum *L.* var. pekinense *Maekawa*（=*Allium pekinense Prokh.* =*Allium sativum L. forma pekinense* Makino）である。

ニンニクは昔はオオヒルといったが、この称えは今は廃れそのオオヒルは古名となった。日本で昔単にヒル（その鱗茎を食うと口がヒリヒリするのでいう）と呼んだのは、実際はニンニクをいったものだが、書物の上ではこのニンニクのオオビルとコビルすなわちメビルとの二つを指して、かくヒルというとなっている。私は今このコビルをニンニクに対せしむるためにそれを新称してコニンニクともいってみたい。それはニンニクに比べればやや小形だからである。

Allium sativum *L.* の和名はコビル（コニンニク）であるから、その俗名の Garlic もまた厳格にいえば同じくこれをコビルとせねばならない。普通の英和辞書にあるように単にニンニクでは正解ではない訳だが、先ず先ず通俗にいえばそれでも許しておけるであろう。そして強いてニンニクの俗名を作ればすなわち Large Garlic とでもすべきものだ。

日本で最大の南天材

明治三十九年（1906）八月に滋賀県の人々の主催で、近江伊吹山植物講習会が開かれ、四方から雲集した講習員は約三百名もあった。そしてこの会に講師として招かれ東京から赴いた私は、伊吹山下の坂田郡春照《すいじょう》村での一旧家的場《まとば》徹氏の邸に宿した。その時同家の庭へ突き出た建物の側に極めて巨大な南天があって繁茂しているのを見、その樹容の長大で勇偉なのに驚歎し、これぞまさに日本一の大南天であって、かの京都の金閣寺の南天の柱などはこれに比べれば小さくて顔色のないものだと賞讃した。

それより早くも十七年をへた大正十二年（1923）九月一日の関東大震災に先だつこと数年前に、その南天の枯幹が的場家の家屋修繕の際に倒れて枯死した由で、図らずも江州春照村の原地から東京丸ノ内の報知新聞社代理部へ持ちこまれた。当時これを八百円で売却したいと唱えていた。その時はちょうど欧州大戦後であったので成金目当てにこんな値段を吹いたものであろう。私はこの時その写真を撮っておいたが、それが昭和十一年四月発行の『牧野植物学全集』の口絵に出ている。その後この幹が他所へ移され、なんでも東京朝日新聞社の代理部の方へ回ったと聞いたようだが、その後その行き先きがどうなったか私には分らなくなった。そしてそれが東京の誰かの家にあったとしたらあるいは大震災で焼失したかも知れないが、幸いにそれが無事だったとしても、あるいは今回の大戦火で烏有に帰したのであろう。もしまた東京に置いてなかったなら何れかの所にあるのかも知れないが、今日では全くこの南天大木の消息は判らない。もしも万が一どこかに無事に残存していたら極めて珍重すべきものたることを失わない。敗戦で日本は大分狭くはなったが、それでもなおなかなか広いからどこの国にあるいは右に優る巨大なものがないとも断言は出来ない。

上の南天巨幹はその根元から七本に分かれ、その中の最大の主幹は株元から曲尺《かねじやく》二尺一寸五分〔六五センチ〕ばかりの辺に最下の一枝があり、根元から五寸〔一五センチ〕ばかりのところは周り八寸〔二四センチ〕あって、そして幹の全長は一丈四尺五寸〔四・四メートル〕あった。

今日右とは別に私宅にも一本の巨大な南天の材が保存せられてある。長さは上述近江のものには及ばないが、太さは根元から八寸〔二四センチ〕ばかりのところで周囲まさに九寸〔二七センチ〕を算するから、右近江のそれよりも一寸〔三センチ〕多い（しかし最下の方はやや小さくなっている）。してみると、これは近江のものより少々優越していることになる。私は大正十二年（1923）八月にこれを備後三原町南方の在で得たが、当時一漁民の家の庭に一叢の南天が繁っていて、その叢中にこの一本の巨幹が交っていた。そこで早速その持主に乞うてこれを伐り東京の我が家に携え帰って、今日なお秘蔵しているものである。これぞすなわち、今私の知り得る範囲では最大な南天の巨材である。

京都の嵯峨に佐野藤右衛門という植木屋の老人があって、植木のことには誠に堪能であった。そして特別にサクラを愛して多くの種類を園中に蒐めていた。あるとき巨大に成長した南天の話をしたら、この老人のいうには、南天の種子を極めて大量に蒔いて沢山にその苗を仕立ててみると、その中には群を抜いて特に大形に育ち来るものが一、二本はある。総じて南天は叢生する天性があるのだが、この大きくなる苗は常に一本立ちになっているとのことであった。

屋根の棟の一八

一八とはイチハツの当字で、イチハツとは鳶尾《エンビ》で、鳶尾とは紫羅襴《シラン》で、紫羅襴とは紫蝴《シコ》蝶《チョウ》で、紫蝴蝶とは扁竹《ヘンチク》で、扁竹とはIris tectorum *Maxim.* で、それはアヤメ科の一花草で、中国の原産で、往時同国から日本に渡ったもので、今日、日本では鑑賞花草としてよく人家の庭に栽えられてある宿根草であるが、もとより日本には野生はない。

このイチハツは日本で名づけた俗名でありながら、今のところその語原が不明である。茎の頂に花が一つずつひらくから、それで一発の意味だとこじつけられないことはない。だがこのズドンと撃った一発は的をはずれ、それは無論勝ち星が得られないこと受け合いだろうが、また世間にはまぐれ当りということもある。

方々を歩いてみると、往々このイチハツを藁屋根の棟に密に列植してあるのを見かけるが、その紫葩《はな》を鬬えす花時にはすこぶる風流な光景を見せている。吾らはこのイチハツがナゼそんなところに栽えてあるのか不審に思うのだが、しかしそれには理由がある。すなわちそれは強風で家の棟が取られないために屋脊を保護してあるのである。今ならトタン板を利用するところだが、昔日本には無論そんな気の利いた材料がなかったので、そこで天然物でこれをおおいイチハツの根でしっかりと押えつけたものであるところに面白味がある。今朝見れば夕べの風で棟が禿げ大事のイチハツどこへ風が飛ばしたか、その補充でこの家の主人思わん仕事がまた一つ殖えたわけだ。風め！　しょうがないなあとつぶやく。

この学名の Iris tectorum *Maxim.* の tectorum は「家根ノ」あるいは「家屋ニ成長シテイル」との意味である。この種名〔種小名〕はこの学名の命名者マキシモウィチ（Maximowicz）氏が日本で家根のイチハツを望み見て名づけたものである。そしてその研究命名の材料の一つは横浜付近で得たのだから、多分それは程ケ谷町〔保土ヶ谷町〕で採ったのであろう。そして同地では今日でもなおイチハツの藁葺屋根が残っている。

中国の書物の『秘伝花鏡《ひでんかきょう》』にある紫羅欄（イチハツ）の文中に「性喜《コノム》二高阜墻頭《ヲ》一種《レバ》則易《シ》レ茂《リ》」とあるところをみれば、同国でも高い阜《おか》や墻《かき》の背に生えることがあると見える。そうするとこのイチハツはその生えているところがたとえ乾くことがあっても、それに堪え忍ぶ性質をもっていると思う。つまりその地下茎が硬質で緻密でよく水を抑留して長くその生命を保っているものとみえる。

元禄七年（1694）にできた貝原益軒の『豊国紀《ほうこくき》行《こう》』に「別府のあたりには家の棟に芝を

置いて一八と云花草をうえて風の棟を破るを防ぐ武蔵国にあるが如し、風烈しき故と云家毎に皆かくの如し」と書いてある。この紀行文は豊後別府の人森平太郎氏が昭和十四年に発行した『大分県紀行文集』に収録せられているが、この紀行文へ対して後に入れた頭注を書いた福田紫城氏の文に「鳶尾草也、大正震災前まで、東海道線平塚駅付近及び箱根山中の農家に於て、福田はしばしばこの風俗を目撃せり、別府に於ても明治十年頃までは、この古風俗を存したりと云ふ」と出ている。また益軒の『大和本草』にも紫羅傘〔傘は棟の誤り〕すなわちイチハツの条下に「民家茅屋の棟ニイチハツヲウヘテ大風ノ防ギトス風イラカヲ不破」と書いてある。

昔の東海道筋にあたる武蔵程ケ谷（保土ヶ谷）の藁葺の家には、その家根の棟にイチハツが栽えてあって、花時にはその花があわれにも咲いてなお昔の面影をとどめている。もしも時の進みでこの藁葺の家がなくなれば、この風景が見られなく、きのうはきょうの物語りになるのであろう。

伊豆の湯が島（温泉場）ではこれを万年グサと呼んでいる。これはそのイチハツを屋上に栽えれば久しく生活して永く残るゆえだといわれる。

甲州ではイワヒバ（方言イワマツ）が藁葺屋根の棟に列植せられてある。東北地方では同じく藁葺の家根草にまじって往々オニユリの花が棟高く赤く咲いていて、すこぶる鄙びた風趣を呈している。

泰西のある学者は横浜付近の野にイチハツが野生しているように書いているが、それは見誤りでイチハツは絶対に我国に野生はない。

ワルナスビ

ワルナスビとは「悪る茄子」の意である。前にまだこれに和名のなかった時分に初めて私の名づけたもので、時々私の友人知人達にこの珍名を話して笑わしたものだ。がしかし「悪ルナスビ」とは一体どういう理由で、これにそんな名を負わせたのか、一応の説明がないと合点がゆかない。

下総の印旛郡に三里塚というところがある。私は今からおよそ十数年ほど前に植物採集のために、知人達と一緒にそこへ行ったことがある。ここは広い牧場で外国から来たいろいろの草が生えていた。そのとき同地の畑や荒れ地にこのワルナスビが繁殖していた。私は見逃さずこの草を珍らしいと思って、その生根を採って来て、現住所東京豊島郡大泉村（今は東京都練馬区東大泉町となっている）の我が圃中に植えた。さあ事だ。それは見かけによらず悪草で、それからというものは、年を逐うてその強力な地下茎が土中深く四方に蔓こり始末におえないので、その後はこの草に愛想を尽かして根絶させようとしてその地下茎を引き除いても引き除いても切れて残り、それからまた盛んに芽出って来て今日でもまだ取り切れなく、隣りの農家の畑へも侵入するという有様。イヤハヤ困ったもんである。それでも綺麗な花が咲くとか見事な実がなるとかすればともかくだが、花も実もなんら観るに足らないヤクザものだから仕方ない、こんな草を負い込んだら災難だ。

茎は二尺〔六〇センチ〕内外に成長し頑丈でなく撓みやすく、それに葉とともに刺がある。互生せる葉は薄質で細毛があり、卵形あるいは楕円形で波状裂縁をなしている。花は白色微紫でジャガイモの花に似通っている一日花である。実は小さく穂になって着き、あまり冴えない柑黄色を呈してすこぶる下品に感ずる。

この始末の悪い草、何にも利用のない害草に悪るナスビとは打ってつけた佳名であると思っている。そしてその名がすこぶる奇抜だから一度聞いたら忘れっこがない。

この草は元来北米の産でナス科ナス属に属し *Solanum carolinense L.* の学名を有する。アメリカ本国でも無論耕地の害草で、さぞ農夫が困りぬいているであろうことが想像せられる。そしてこの草の俗名は Horse-Nettle, Sand-Brier, Apple-of-Sodom, Radical-weed, Bull-nettle ならびに Tread softly である。

ついでに、三里塚にはこれも北米原産の *Rudbeckia hirta L.* が沢山生えている。茎は立ち葉は披針形で毛がある。花季には黄色の菊花が競発する。まだ和名がないようだから、私は先きに黄金菊《コガネギク》の名をつけておいた。

カナメゾツネ

ヨタレソツネはナラムウヰノと続くイロハ四十七字中の字句であるが、このカナメゾツネはちっとも意味の分らん寝言みたいな変な名だ。これぞ明治の初年に東京は山手の四ツ谷辺で土地の人に呼ばれていた称呼で、それはアミガサタケの俗称である。そしてこの菌の学名はMorchella esculenta *Fr.* であって、その属名のMorchellaはドイツ名のMorchelをジレニウスという学者が変更した名、種名〔種小名〕のesculentaは食用トナルベキの意である。

この編み笠を冠ぶった姿のアミガサタケはなにも珍らしいほどのものではなく、五月の季節が来れば方々に生える地上菌で、その形が奇抜なものである。そしてその色は生ま黄色い灰白色で、なんだか毒ナバ（毒菌の意）らしく見える。西洋では昔からこの菌の食用になることを知っていた。

しかしこの菌が食えると聞いたら、普通の人はその姿から推してこれを怪訝に思うであろう。そしてよほど物好きな人でないかぎり多分食ってみる気にはならないであろう。が、かつて友人の恩田経介《けいすけ》理学士は、同君の宅の庭に幾つか忽然と生え出たこの菌をうまいうまいと食べた一人であった。同君は次の年もやはり生えると楽しんでいたが、どういうもんか、それ以来ちっとも顔を見せないとこぼしていられた。多分これはキノコがまた食われては大変だと恐れをなして引っ込んだんだろう。そしてこれを味わうにはその菌体に塩を抹して焼いて食ってもよいといわれるが、私はまだ食わんからその味を知らない。私の庭にも一とし数頭生えたことがあったが、その後いっこうにつん出てこない。今度幸いに生えたらその機をはずさず食わにゃならんと待ち構えている。

アミガサタケは編笠蕈の意で、この名なら造作もなくその意味が分るが、カナメゾツネときたら唐人の寝言で何のことかサッパリ分らぬ。それでこの書へこうして出しておいたなら、世間は広いし識者も多いことだからあるいは解決がつかないもんでもなかろうと、一縷の望みを繋いでかくは物し侍べんぬ。

茱萸とグミ

日本の学者は昔から茱萸《シュユ》を Elaeagnus 属《(ママ)》のグミだと誤認しているが、その誤認を覚らず今日でもなおグミを茱萸だと書いているのを見るのは滑稽だ。昔はとにかく、日新の大字典たる大槻博士の『大言海』にも依然としてグミを茱萸としているのは全く時代おくれの誤りで、グミは胡頽子でこそあれ、それはけっして茱萸ではない。仮りに茱萸が山茱萸の略された字であるとしても、その山茱萸はけっしてグミではなく、たとえその実がグミに似ていてもグミとは全く縁はない。しかし正しくいえば、茱萸は断じて山茱萸の略せられたものではなく、そこに茱萸という独立の植物が別にあってそれが薬用植物で、中国の呉の地に出るものが良質であるというので、そこでこれを呉《ゴ》茱萸《シュユ》と呼んだものだ。すなわちマツカゼソウ科（すなわちヘンルーダ科）のEvodia属《（ママ）》のもので、その果実はけっしてグミの実のような核果状のものではなくて、植物学上でいうFollicleすなわち蓇葖《コットツ》である。そしてそれは乾質でけっして生で食べるべきものではなく、強いてこれを食ってみると山椒の実のように口内がヒリヒリする。陳淏子《ちんこうし》の著『秘伝花鏡』の茱萸の条下に「味辛辣如レ椒」と書いてある通りである。

この茱萸すなわちいわゆる呉茱萸はEvodia rutaecarpa *Benth.* の学名を有する。しかし呉茱萸の主品は多分 Evodia officinalis *Dode* であろう。そしてこの Evodia rutaecarpa *Benth.* と Evodia officinalis *Dode* との両種を共に呉茱萸と呼び、そしてこの二つがともに茱萸であるようだ。学名のうえでは截然と二種《（ママ）》だが、俗名の方では混じて両方が茱萸となっている。とにかく茱萸はEvodia属《（ママ）》のものでけっしてグミ科のものではないことを心得ていなければ、茱萸を談じ得る人とはいえない。

『大言海』のグミの語原は不徹底至極なもので、けっしてその本義が捕捉せられていない。

すなわち正鵠を得ていないのだ。一体グミとはグイミの意で、グイミとは杭の実の義でこの杭は刺を意味して、そして刺は備前あたりの方言でグイといわれ、クイ（杭）と同義である。すなわちグイミとは刺の実の意で、それはそれの生る胡頽子すなわち苗代《ナワシロ》グミの木の枝の変じた棘枝が多いからである。そしてそのグイミが縮まってグミとなったものであるが、この説はまだ誰もが言っていない私の考えである。例えば土佐、伊予などでは実際一般にグミをグイミと呼んでいる。

茱萸をグミだと誤解している人達は、早速に昨非を改めて、人の嗤い笑うを禦ぐべきのみならず、よろしくその真実を把握して知識を刷新すべきだ。

前に書いたように茱萸はすなわち呉茱萸で、その実の味はヒリヒリするものであって、薬にはするが、敢て果のように嘗め啖うべきものではない。中国では毎年天澄み秋気清き九月九日重陽の日に、一家相携えて高処に登り菊花酒を酌み、四方を眺望して気分をはれやかにする。また携えて行った茱萸（呉茱萸）を投入した茱萸酒を飲み、邪気を辟け陰気を払い五体の健康を祈り、一日を楽して山上に過ごして下山して帰宅する習俗がある。

次の詩は中国の詩人が茱萸を詠じたものである。

独《リ》在《テ》二異郷《ニ》一為《ル》二異客《ト》一、毎レ逢《フ》二佳節《ニ》一倍《マス》思《フ》レ親《ヲ》、遥《ニ》知《ル》兄弟登《ル》レ高処《キニ》、徧《ネク》挿《ムモ》二茱萸《ヲ》一少《クナラン》二一人《ヲ》一、手《ヅカラ》種《ウ》二茱萸《ヲ》一旧井《ノ》傍《ラ》、幾回《カ》春露又秋霜、今来独《リ》向《フテ》二秦中《ニ》一見《ル》、攀折無《シ》三時《ニ》不《ザル》二断腸一、

昔中国から来た呉茱萸が今日本諸州の農家の庭先きなどに往々植えてあるのを見かけるのは敢て珍らしいことではない。樹が低く、その枝端に群集して着いている実は秋に紅染し、緑葉に反映して人の眼をひく、すなわちこの実には臭気がありそれが薬用となる。ところによっては民間でその実を風呂の湯に入れて入浴する。日本にあるこの樹はみな雌本で雄本はない。ゆえに実の中に種子が出来ない。これは挿木でよく活着するだろう。

アサガオと桔梗

千年ほど前に出来た辞書、それは人皇五十九代宇多帝の時、寛平四年すなわち西暦八九二年に僧昌住の著わした『新撰字鏡』に「桔梗、二八月采根曝干、阿佐加保、又云岡止々支」とある。すなわちこれが岡トトキの名を伴った桔梗をアサガオだとする唯一の証拠である。人によってはこれはただこの『新撰字鏡』だけに出ていて他の書物には見えないから、その根拠が極めて薄弱だと非難することがあるが、たとえそれがこの書だけにあったとしても、ともかくもそのものが儼然とハッキリ出ている以上は、これをそう非議するにはあたらない。信をこの貴重な文献においてそれに従ってよいと信ずる。

（古名）アサガオ（一名）オカトドキ
（今名）キキョウ（桔梗）

秋の七種《ななくさ》の歌は著名なもので、『万葉集』巻八に出て山上憶良《やまのうえのおくら》が詠んだもので、その歌は誰もがよく知っている通り、「秋の野に咲《さ》きたる花を指《およ》び折《を》り、かき数ふれば七種の花」、「はぎの花を花葛花《ばなくずばな》瞿麦《なでしこ》の花、をみなへし又藤袴《ふぢばかま》朝《あさ》貌《がほ》の花」である。この歌中のアサガオを桔梗だとする人の説に私は賛成して右手を挙げるが、このアサガオをもって木槿すなわちムクゲだとする説には無論反対する。

元来ムクゲは昔中国から渡った外来の灌木で、七種《ななくさ》の一つとしてはけっしてふさわしいものではない。また野辺に自然に生えているものでもない。またこの万葉歌の時代に果たしてムクゲが日本へ来ていたのかどうかもすこぶる疑わしい、したがってこれをアサガオというのは当っていない。

いま一つ『万葉集』巻十にアサガオの歌がある。すなわちそれは「朝がほは朝露負ひて咲くといへど、ゆふ陰にこそ咲きまさりけれ」である。この歌もまた桔梗として敢えて不都合はないと信ずるから、それと定めても別に言い分はない。すなわちこれは夕暮に際して特に眼をひいた花の景色《けはい》、花の風情を愛でたものとみればよろしい。

この『万葉集』のアサガオを牽牛子《ケンゴシ》のアサガオとするのは無論誤りで、憶良が七種の歌を詠んだ一千余年も前の時代には、まだこのアサガオは我が日本へは来ていなかった。そしてこの牽牛子のアサガオは、初め薬用として中国から渡来したものだが、その花の姿がいかにもやさしいので栽培しているうちに種々花色の変わった花を生じ、ついに実用から移って鑑賞花草となったものである。そしてこのアサガオは万葉歌とはなんの関係もない。また万葉歌のアサガオをヒルガオだとする人もあったが、この説もけっして穏当ではない。

ヒルガオとコヒルガオ

日本のヒルガオには二つの種類があって、一つはヒルガオ（Calystegia nipponica *Makino*, nom. nov. =*C. japonica* Choisy non *Convolvulus japonicus* Thunb.）一つはコヒルガオ（Calystegia hederacea *Wall.*）である。これらは昼間に花が咲いているので、それで昼顔の名があって朝顔（Pharbitis hederacea *Choisy* var. Nil *Makino*=*Ph. Nil* Choisy）に対している。

また右のヒルガオ、アサガオとは関係ないが、ついでだから記してみると、今日民間で夕顔と呼んでいるものはいわゆるMoon-flower (Calonyction Bona-nox *Bojer*) で、これは夕顔の名を冒しているが、その正しい称えは夜顔（田中芳男《たなかよしお》氏命名）である。そして本当の夕顔は瓜類の夕顔 (Lagenaria leucantha *Rusby* var. clavata *Makino*) で、これは昔からいう正真正銘のユウガオである。ここに四つの顔が揃った。すなわち朝顔、昼顔、夕顔、夜顔である。これを歌にすれば「四つの顔揃えて見れば立優る、顔はいづれぞ四つのその顔」。

古えより我国の学者はコヒルガオをヒルガオとし、ヒルガオをオオヒルガオと呼んでいるが、私の考えはこれと正反対で、右のヒルガオをコヒルガオとし、オオヒルガオをヒルガオと認定している。それはそうするのが実際的であり自然的であり、また鑑賞的であって、したがって先人の見解が間違っているとみるからである。

なぜ昔からの日本の学者達は、その花が爽かで明るく、その大きさが適応で大ならず小ならず、その観た姿がすこぶる眼に快よいヒルガオの花が郊外で薫風にそよぎつつ、そこかしこに咲いているにかかわらず、花が小さくてみすぼらしく色も冴えなく、なんとなく貧相であまり引き立たないコヒルガオを特にヒルガオと称えたかと推測するに、それは古えより我国の学者が、随喜の涙を流して尊重した漢名すなわち中国名が禍をなしてこんな結果を生んだものだと私は確信している。そうでなければ一方に優れた花のヒルガオがあるにもかかわらず、花の美点の淡き貧困なコヒルガオを殊さらに選ぶ理屈はないじゃないか。

中国の本草、園芸などの書物に旋花《センカ》、一名鼓子花《コシカ》、別名打碗花《ダエンカ》等があるが、これらは元来コヒルガオの漢名でヒルガオの名ではない。にもかかわらず日本の学者達はみなこれをヒルガオとしているから、そこで古来一般この旋花すなわち鼓子花がヒルガオの名になっているのである。そしてこの種以外にある優れた花のヒルガオを特にオオヒルガオと呼んでいるが、これはこのように取り扱うには及ばなく、このオオヒルガオをヒルガオとすればそれでよろしく、実際その花がヒルガオとしての価値を十分に発揮している。六、七、八月の候に野外でよくこれを見受けるが、この花をヒルガオそのものとすれば誰でも成るほどとうなずくのであろう。そして中国、否、アジア大陸にはこの品はなく、これは日本の特産でありすなわち一つの国粋花でもある。従来の本草学者はこれを『救荒本草』に出ている藤長苗にあてているが当っていない。そしてこの藤長苗はその葉に底耳片なく茎には細毛ある種で、我がヒルガオとは全然異なっている。Bailey 氏の *Manual of Cultivated Plants* の書中にある Convolvulus japonicus *Thunb.* は日本（中国にもインドにもある）のコヒルガオと中国産の藤長苗（?）とが混説せられているようだ。そして Calystegia pubescens *Lindl.* は多分藤長苗の学名であろう。かつまた Convolvulus japonicus *Thunb.* はコヒルガオそのものであってヒルガオではない。

ヒルガオには白花品があってこれをシロバナヒルガオと称する。古人の描いた図にも出ているが、私は先年これを紀州高野山で採集した。学名は Calystegia nipponica *Makino* var. albiflora *Makino* である。そしてこれを Calystegia subvolubilis *Don* var. albiflora *Makino et Nemoto* とするのは非で、この C. subvolubilis *Don* は全然日本になく、これは大陸の種である。そして日本のヒルガオは日本の特産で大陸にはなく、したがって中国にも産しない。ゆえにヒルガオには漢名はない。上記の如く旋花、一名鼓子花を昔からヒルガオとしてあるこのいわゆるヒルガオは前述の通りにまさにコヒルガオそのものであり、またあらねばならない。

旋花の意味は、その花の花冠(Corolla)が弁裂せずに完全に合体して、環に端がないように、その縁が遶っているからだといわれる。また鼓子花の意味はその形が軍中で吹く鼓子に似ているからだとのことである。そうするとこの鼓子は、鼓のようにポンポン打つもんではなくて、ブーブーと吹き鳴らす器である。

ハマユウの語原

ハマユウはハマオモトともハマバショウともいうもので、漢名は『広東新語《かんとんしんご》』にある文《ブン》珠蘭《シュラン》であるといわれる。宿根生の大形常緑草本でヒガンバナ科に属し、Crinum asiaticum

L. var. *japonicum* *Baker* の学名を有し、我国暖国の海浜に野生している。葉は多数叢生して開出し、長広な披針形を成し、質厚く緑色で光沢がある。茎は直立して太く短かい円柱形をなし、その葉鞘《ようしょう》が巻き重なって偽茎となっている。八、九月頃の候葉間から緑色の葶《てい》〔葉をつけない、根生の花梗〕を描き高い頂に多くの花が聚って繖形をなし、花は白色で香気を放ち、狭い六花蓋片がある。六雄蕊《ゆうずい》一子房があってその白色花柱の先端は紅紫色を呈する。花後に円実を結び淡緑色の果皮が開裂すると大きな白い種子がこぼれ出て沙上にころがり、その種皮はコルク質で海水に浮んで彼岸に達するに適している。そしてその達するところで新しく仔苗をつくるのである。

葉の本の茎は本当の茎ではなく、これはその筒状をした葉鞘が前述のように幾重にも巻き襲《かさ》なって直立した茎の形を偽装しており、これを幾枚にも幾枚にも剝がすことが出来、それはちょうど真っ白な厚紙のようである。

『万葉集』巻四に「三《み》熊野《くまぬ》之《の》浦乃《うらの》浜木《はまゆ》綿《ふ》百重《ももへ》成心者雖念《なすこころはもへど》直不相鴨《ただにあはぬかも》」という柿本人麻呂の歌がある。この歌中の浜木《はまゆ》綿《ふ》はすなわちハマオモトである。この歌の中の「百重成」の言葉はじつに千鈞の値がある。浜木綿の意を解せんとする者はこれを見のがしてはならない。

貝原益軒の『大和本草』に『仙覚抄《せんがくしょう》』を引いて「浜ユフハ芭蕉ニ似テチイサキ草也茎ノ幾重トモナククカサナリタル也ヘギテ見レバ白クテ紙ナドノヤウニヘダテアルナリ大臣ノ大饗ナドニハ鳥ノ別足ツ、マンレウニ三熊野浦ヨリシテノボラル、トイヘリ」とある。また

『綺語抄《きごしょう》』を引いて「浜ユフハ芭蕉ニ似タル草浜ニ生ル也茎ノ百重アルナリ」ともある。
また月村斎宗碩《げっそんさいそうせき》の『藻塩草《もしおぐさ》』には「浜木綿」の条下の「うらのはまゆふ」と書いた下に

みくまのにあり此みくまのは志摩国也大臣の大饗の時はしまの国より献ずなる事旧例也是をもつて雉のあしをつゝむ也抑此はまゆふは芭蕉に似たる草のくきのかはのうすくおほくかさなれる也もゝへとよめるも同儀也又これにけさう文を書て人の方へやるに返事せねば其人わろしと也又云これにこひしき人の名をかきて枕の下にをきてぬればかならず夢みる也此みくまのは伊勢と云説もあり何にも紀州はあらず云々

とある。

浜木綿とは浜に生じているハマオモトの茎の衣を木綿（ユフとは元来は楮すなわちコウゾの皮をもって織った布である。この時代にはまだ綿はなかったから畢竟木綿を織物の名としてその字を借用したものに過ぎないのだということを心に留めておかねばならない。ゆえにユフを木綿と書くのはじつは不穏当である）に擬して、それで浜ユフといったものだ。人によってはその花が白き幣を懸けたようなのでそういうといってるけれど、それは皮相の見で当っていない。本居宣長《もとおりのりなが》の『玉かつま』十二の巻「はまゆふ」の条下に「浜木綿……浜おもとと云ふ物なるべし……七月のころ花咲くを其色白くて垂《タリ》たるが木綿に似たるから浜ゆふとは云ひけるにや」と書いてあるが、「云ひけるにや」とあってそれを断言してはいないが、花が白くて垂れた木綿に似ているから浜ユフというのだとの説は、疾に人麻呂の歌を熟知しおられるはずの本居先生にも似合わず間違っている。

同じく本居氏の同書『玉かつま』木綿の条下に「いにしへ木綿《ユフ》と云ひし物は穀《カヂ》の木の皮にてそを布に織たりし事古へはあまねく常の事なりしを中むかしよりこなたには紙にのみ造りて布に織ることは絶たりとおぼへたりしに今の世にも阿波ノ国に太布《タフ》といひて穀の木の皮を糸にして織れる布有り色白くいとつよし洗ひてものりをつくることなく洗ふたびごとにいよいよ白くきよらかになるとぞ」と書いて木綿が解説してある〔牧野いう、土佐で太布《タフ》というのは麻《アサ》で製した布のものをそう呼んでいた〕

小笠原島にオオハマユウというものがある。その形状はハマユウすなわちハマオモトと同様でただ大形になっているだけである。この学名は Crinum gigas *Nakai* である。が、私は今これを Crinum asiaticum *L.* var. gigas (*Nakai*) *Makino* (nov. comb.) とするのがよいと信じている。

バショウと芭蕉

中国に甘蕉《カンショウ》というものがある。その実が甘くて食用になるので、甘蕉といわれる。すなわちいわゆるバナナ（Bananaでこの語は西インド語のBonanaからである）である。そしてその学名は*Musa paradisiaca* *L.* subsp. *sapientum* *O. Kuntze*（=*Musa sapientum* L.）であるが、この種にはいろいろの変わり品がある。かの矮生の三尺バナナも中国の原産で、それは学名を*Musa Cavendishii* *Lamb.* といわれ、俗にはChinese BananaまたはCanary Banana（カナリー島に大いに作ってある）と呼ばれている。

芭蕉は上の甘蕉の一名であるから、この芭蕉もまたバナナの中国名である。芭蕉とはその葉の新陳相続いている意味であるといわれる。明の李時珍《りじちん》がその著『本草綱目』に「按ズルニ陸佃《りくでん》ガ埤雅《ひが》ニ云ク、蕉ハ葉ヲ落サズ一葉舒《ノブ》ルトキハ則チ一葉蕉《カ》ル、故ニ之レヲ蕉ト謂フ、俗ニ乾物ヲ謂テ巴ト為ス、巴モ亦蕉ノ意ナリ」と書いている。だから芭蕉とはその葉が乾いても落ち去らず、その間次ぎ次ぎに新葉が出る義で、畢竟葉が年中引き続いていつ見ても青々としているの意を表わした名である。甘蕉すなわちバナナの葉状をいったものだ。

また李時珍が曹叔雅《そうしゆくが》の『異物志《いぶつし》』を引き「芭蕉。実ヲ結ブ其皮赤クシテ火ノ如シ〔牧野いう、これは花穂の赤い苞をいったものでなければならない〕其肉甜クシテ蜜ノ如シ、四五枚ニテ人ヲ飽シムベシ、而シテ滋味常ニ牙歯ノ間ニ在リ、故ニ甘蕉ト名ヅク」とあって、芭蕉と甘蕉とが同じ物であることを明示している。

また李時珍が万震《ばんしん》の『異物志』を引いて「甘蕉ハ即チ芭蕉……蕉子凡ソ三種、未ダ熟セザル時ハ皆苦渋、熟スル時ハ皆甜クシテ脆シ、味葡萄ノ如ク以テ飢ヲ療スベシ」と書いている。

ひろく我国各地に植えてあって普く人も知っているいわゆるバショウ（*Musa Basjoo Sieb.*）は昔中国から渡来したものだが、しかしそれがいつの時代であったのか今私には不明である。が、しかし一千余年も前にできた深江輔仁の『本草和名』に甘蕉、一名巴蕉を波世乎波（バセヲバ）と書き、源順の『倭名類聚鈔』にも芭蕉を和名発勢乎波（バセヲバ）と書いてあるところをみると、相当古い昔に来たものであることが推想せられる。つまり一千余年以前に我国に入り来ったこととなる。そして右のバセヲバのバは葉でそれは芭蕉葉の意である。

バショウは元来暖地の産であるから寒い地方には育たないが、日本中部以南の各地には、別に何んの経済的価値もないが、ただ庭園の装飾用として植えてある。大きな花穂を象の鼻のように垂れてよく花が咲き、花後に子房（下位子房である）が花時よりは太く増大して緑色を呈し、著しい姿で多数相ならび、永く花穂の花軸上に遺っているのを常に見かける。総体 Musa 属《（ママ）》すなわちバショウ属の諸種は、花に大量の蜜液が用意せられ、鳥媒花であることを示しているが、元来バショウは我が土産でないから、したがって我が日本に適当な媒鳥がいなく、それで子房が滅多に孕まず結実するにいたるものが少ないのであろう。けれども中には珍らしく結実して、発芽力のある扁平黒色の種子を宿しているものもある。私はかつてこれを伊予と安房の地で見た。この種子を蔵している果実は終りまで緑色で往々多少は微黄色を呈しているが、しかしその外皮内にバナナ様の肉は出来ない。私の『牧野植物学全集』第六巻（昭和十一年発行）へはその結実せる果実と種子を有せる果実とその稚苗との写真を口絵として出しておいた。

　バショウの高く直立せる円柱状の茎はじつは本当の茎ではなくいわゆる偽茎であって、それは長い葉鞘が重なって出来たものである。かの有名な芭蕉布は琉球に産するイトバショウ（Musa liukiuensis *Makino*）の葉鞘から製した繊維で織るのであるが、常のバショウのバショウ繊維は何にも利用せられていない。茎は短大でほとんど地下茎の状を呈し横に短かい新芽を分って葉を出すのである。そして三年目に花を咲かせてその年に枯槁し、側に出ている新しい偽茎がこれに代わるのである。

　バショウの和名は芭蕉から来たものである。芭蕉はすでに上に述べたようにバナナの名であるから、バショウの和名はじつは不都合を感ずるけれど、昔からそういい習わされて来ているから今さらこれを改めることは不便極まるもので、まずはそれを見合わすよりほかに途はあるまい。

オトヒメカラカサ

海藻である緑藻部（Chlorophyceae）の中に緑色のやさしい姿をしている石灰質の珍らしいオトヒメカラカサ（乙媛傘、すなわち龍宮の仙女乙媛の傘の意）があって、この和名は私の名づけたものだが、しかし一般の海藻学者はこれをカサノリ（傘海苔）といっている。すなわちこれは初め藻類専門家の理学博士岡村金太郎君（東京人）の名づけたものである。私はこの美麗で優雅でかつ貌《かたち》の奇抜な本品に、この雅ならざるのみならず余りにも智慧の無さすぎる平凡至極なその名がついているのを惜しみ、その別名の意味で上のようにこれを乙媛傘と名づけてみた次第だが、これは前人の名づけた名前を没却する悪意ではけっしてない。しかしカサノリというとそのカサは笠か傘かどちらか分らんので、これは是非一目して傘の姿を連想させたい。笠は編笠、菅笠、陣笠のように柄がないので形がこの笠にはあたらない。またあるいはカサを瘡《カサ》とも感ずる。すなわちその海藻が痂《カサブタ》のような形ではないかとも想像する人がないとも限らない。また重なることも嵩《カサ》というからあるいはそれを重畳の意味にとらんでもあるまい。それゆえこれはどうしても明瞭にカサノリは笠ではなくて、それは傘の意味だということを徹底させておく必要があるのではなかろうか。

このオトヒメカラカサはAcetabularia属〔ママ〕のものだが、私がオトヒメカラカサと名づけた時分には、日本の学界でこの種を一般にAcetabularia mediterranea *Lamx.* と信じていたが、後にこの学名で呼ぶのは誤りであることが判って、今日ではそれがAcetabularia Iyukyuensis *Okamura et Yamada* と改められた。そして私が右のオトヒメカラカサの副和名を公にしたのは大正三年（1914）十二月に東京帝室博物館で発行した『東京帝室博物館天産課日本植物乾腊《かんさく》標本目録』であった。すなわち今から三十九年〔ママ〕も前のことに属する。

ついでながら、ここに同目録で私が新和名を下した海藻は次の品々であったことを紹介しておこう。この時分はこれらの海藻に和名がなかった。

Amphiroa aberrans *Yendo*（フサカニノテ）、Amphiroa declinata *Yendo*（マガリカニノテ）、Amphiroa ephedracea *Lamk.*（マワウカニノテ）、Grateloupia imbricata *Hoffm.*（シデノリ）、Grateloupia ligulata *Schmitz*（ナガムカデ）、Ceramium circinatum *J. Ag.*（マキイギス）、Dasya scoparia *Harv.*（ヒゲモグサ）、Dasyopsis plumosa *Schmitz*（ヒゲモグサモドキ）、Heterosiphonia pulchra *Ekbg.*（シマヒゲモグサ）、Laurencia obtusa *Lamx.*（マルソゾ）、Laurencia tuberculosa *J. Ag.*（タマソゾ）、Polysiphonia Savatieri *Hariot*（サバチエグサ）、Polysiphonia urceolata *Grev.*（アカゲグサ）、Polysiphonia yokosukensis *Hariot*（ヨコスカ

イトゴケ)、Champia expansa *Yendo* (オオヒラワツナギ)、Gymnogongrus divaricatus *Holm.* (ハタカリサイミ)、Sargassum Kjellmanianum *Yendo* (コバタワラ)、Colpomenia sinuosa *Derb. et Sol.* forma deformans *Setch. et Gard.* (ヒロフクロノリ)、Colpomenia sinuosa *Derb. et Sol.* forma expansa *Saund.* (ヒラフクロノリ)、Chaetomorpha moniligera *Kjellm.* (タマシュズモ)、Cladophora utriculosa *Kuetz.* (ヒメシホグサ)、Enteromorpha clathrata *J. Ag.* (カウシアオノリ)。

西瓜——徳川時代から明治初年へかけて

スイカの中国名は西瓜で、その学名は Citrullus vulgaris *Schrad.* である。我国でつくられる瓜類の中で特にその葉が細裂しているので、直ぐに他の瓜類とは見分けがつく。熱帯地方ならびに南アフリカ地方の原産で俗に Watermelon と呼ばれる。

スイカは水瓜の意ではなく、西瓜の唐音から来たものであることが寺島良安の『倭漢三才図会』に出ている。そうしてみると、この水々しい瓜でも上のように水瓜の意味ではないことが分かる。

白井光太郎博士の『植物渡来考』に『長崎両面鏡《ながさきりようめんかがみ》』を引いて「天正七年に西瓜南瓜の

種来る」と書いてある。しかるに御小松院の時の人、僧の義堂の詠じた詩でみれば、なおその前に西瓜があったことになる。そしてその詩は「西瓜今見《ル》生《ルコトヲ》二東海《ニ》一剖破《スレバ》含《ム》二玉露《ノ》濃《ナルヲ》一」である。貝原益軒の『大和本草』によれば、スイカは寛永年中に初めて異国から来たとある。寺島良安の『倭漢三才図会』には西瓜は慶安年中に黄檗の隠元が入朝の時、西瓜、扁豆《インゲンマメ》等の種子を携えてきて初めてこれを長崎に種《う》えたとある。すなわち上の寛永よりは少し後ちである。そして右のインゲンマメは Dolichos Lablab *L.* を指している。すなわちこれが隠元携帯の本当のインゲンマメである。今日いう Phaseolus vulgaris *L.* のインゲンマメは隠元とは無関係の贋のインゲンマメであって、隠元の名を冒しているものであることを承知していなければならない。『大言海』にはこの新旧二つのインゲンマメを一種の下に混説してあって、明かにその正鵠を失している。大槻先生にも似合わないことだ。

今日では淡緑色皮の円いスイカ、楕円形で皮に斑紋のあるスイカが普通品だが、もっと前、私共の若い頃のスイカの普通品のまん円い深緑色皮のものであったが、それがいつとはなしに世間になくなった。そしてこのスイカの種子は大きくて黒色であった。これに比べると今日のスイカの種子は色も違い形も楕円形で小さい。右の深緑色球形のスイカは徳川時代から明治時代へかけての普通品で、小野蘭山の『本草綱目啓蒙』にも「皮深緑色ニシテ 瓤《うりわた》赤ク子黒キモノハ尋常ノ西瓜ナリ」とある。岩崎灌園の『本草図譜』にもその図を載せ、「六七月に瓜熟す皮深緑肉白色瓤紅赤色子は黒色なり此物尋常の西瓜なり」と書いてある。しかしこの時分でも西瓜の変わり品が幾種かあって、円いのも長いのもまた皮に斑のあるものもあった。そしてその名もいろいろで、例えば白スイカ、木津スイカ、赤ホリ（伊勢赤堀村の産）、長スイカ、ナシキンなどである。また当時皮と瓤とが黄色でアカボウと呼ぶものもあった。また皮は緑色で中身の瓤が黄色の黄スイカもあった。また袖フリという極く小さい西瓜もあった。

中国人は常に種子を食する習慣がある。すなわち歯でその皮を割りその中身の胚を味わうのである。食べ慣れないとなかなか手際よくゆかない。それにはその種子が大きくないと叶わんので、中国では特に種子食用の西瓜がつくられていると聞いたことがあった。

ギョリュウ

日本へ昔寛保《かんぽう》年中に中国から渡って植えてある檉柳《ティリユウ》、すなわちギョリュウ（御柳の意）は、タッタ一種のみで他の種類は絶対にない。しかしそれを二、三種もあるかのように思うのは不詮索の結果であり、幻想であり、また錯覚である。

このギョリュウの学名は疑いもなく Tamarix chinensis *Lour.* であるが、学者によっては日本にあるギョリュウは Tamarix juniperina *Bunge* であるといわれる。そうなると右はいずれが本当か。今これを裁判して判決するのはまことに興味ある問題であるばかりではなく、この判決は疑いもなく世界の学者にその依るところを知らしめる宣言であり、また警鐘である。

さて日本にあるギョリュウは一樹でありながら、その一面は Tamarix chinensis *Lour.* であり、またその一面は Tamarix juniperina *Bunge* である。すなわちこのギョリュウは五月頃まず去年の旧枝に花が咲いて、これに Tamarix juniperina *Bunge* の名が負わされ、次いで夏秋にまたその年の新枝に花が咲いて Tamarix chinensis *Lour.* の名になるのである。かく同じ一樹で樹上で二回花の咲くことを学者でさえも知っていないのであるのはどうしたもんだ。すなわちこの点では確かに学者は物識りではないことを裏書きする。そしてそれをひとり認識している人は誰あろう、ほかでもないこの私である。この点では天狗よりもっともっと鼻を高くしてもよいのだと自信する。何んとなれば、この事実には日本の学者はもとより世界の学者が挙《こぞ》って落第であるからである。私は気遣いでこれを言っているのではけっしてない。それはちゃんと動きのとれぬ実物が、事実を土台として物を言っているのだから仕方がない。

ここに一本のギョリュウがあるとする。元来これは落葉樹である。春風に吹かれて細かい新葉が枝上に芽出つ、五月になるとその去年の旧枝上に花穂が出て淡紅色の細花が咲く、花中には雄蕊《ゆうずい》もあれば、子房をもった雌蕊《しずい》もある。にもかかわらずどうして嫌なのか実を結ばない。ただその顔ばせを見せたのみで花が凋衰する。そしてこの五月の花の場合のものへ Tamarix juniperina *Bunge* の名がつけられてある。シーボルトの『フロラ・ヤポニカ』の書にその精図が出ている。私は前に一度これを皐月《サツキ》ギョリュウと名づけたことがあったが、私はその花を当時小石川植物園事務所の西側にあった樹で見た。次いで夏になるとその年の新枝が成長して延びるが、この延びた新枝にまた花が咲く。この場合がすなわち Tamarix chinensis *Lour.* である。我国の書物では伊藤圭介《いとうけいすけ》、賀来飛霞《かくひか》の『小石川植物園草木図説』第二巻にその図があるのは愉快だ！ すなわちこれは日本、殊に小石川植物園に在る樹からの図である。この夏に咲く第二次の花は花体が五月に咲く第一次のものよりも小形である。やはり淡紅色でその花が煙の如くに樹梢に群聚して咲き、繊細軟弱な緑葉と相映じてその観すこぶる淡雅優美である。そして花中には雌雄蕊があって、この花こそ花後に小さい蒴果《さくか》を結び、それが熟すると開裂して細毛を伴った種子が飛散することを私も目撃したことが数度ある。次いで秋になってもまた往々花が咲く。それがすむともう秋も深けて花も咲かなくなり、しばらくすると冬が来て木枯らしの風が吹きその葉も黄ばんで細枝と連れ立って落ち去り、樹は紫褐色の枝椏《しあ》を残して裸となるのである。

井岡冽《いおかれつ》纂述の『毛詩名物質疑《もうしめいぶつしつぎ》』（未刊本）巻之三、檉の条下に、「檉通名御柳寛保年中夾竹桃ト同時ニ始テ渡ル甚活シ易シ其葉扁柏ノ如ニシテ細砕柔嫩裊々トシテ下垂ス夏月穂ヲ出ス淡紅色葒草花ノ如シ秋ニ至リ再ビ花サク本邦ニ来ルモノ一年両度花サク唐山「牧野いう、中国を指す」ニハ三度花サクモノモアリ故ニ三春柳ノ名アリ云々」と叙してあって、日本へ来ているギョリュウも一年に二度花の咲くことが書いてあるが、しかし夏から秋にかけては、枝によってその花に前後もあれば遅速もあろうから、眺めようによっては二度にも三度にもなるのである。そして二度咲くものと三度咲くものとあってもそれはもとより同種である。要するにギョリュウは少なくも一樹で二度花が出て、初めの花は去年の枝に咲き、次の花は今年の枝に咲く。ギョリュウを見る人、このイキサツを知つくしていなければギョリュウを談ずる資格はない。

このようにギョリュウは一木にして一年に数度花が咲く特質をもっている。そこで中国では一つに三春柳の名がある。さすがに檉柳の本国であってギョリュウを見る眼が肥えている、かえって学者が顔負けをしている。

中国の書物の『本草綱目』で李時珍が曰うには、「檉柳《ティリュウ》ハ小幹弱枝、之レヲ挿スニ生ジ易シ、赤皮細葉、糸ノ如ク婀娜トシテ愛スベシ、一年ニ三次花ヲ作ス、花穂長サ三四寸、水紅色ニシテ蓼花ノ色ノ如シ」(漢文)とある。また陳淏子の『秘伝花鏡』には「檉柳、一名ハ観音柳、一名ハ西河柳、幹甚ダ大ナラズ、赤茎弱枝、葉細クシテ糸縷ノ如ク、婀娜トシテ愛スベシ、一年ニ三次花ヲ作シ、花穂長サ二三寸、其色粉紅、形チ蓼花ノ如シ、故ニ又三春柳ト名ヅク、其花ハ雨ニ遇ヘバ則チ開ク、宜シク之レヲ水辺池畔ニ植ユベシ、若シ天将ニ雨フラントスレバ、先ヅ以テ之レニ応ズ、又雨師ト名ヅク、葉ハ冬ヲ経レバ尽《コトゴト》ク紅ナリ、霜ヲ負テ落チズ、春時扦挿スレバ活シ易シ」（漢文）とある。

万葉歌のイチシ

万葉人の歌、それは『万葉集』巻十一に出ている歌に「みちのべのいちしのはなのいちじろく、ひとみなしりぬあがこひづまは」（路辺壱師花灼然、人皆知我恋孋）というのがある。そしてこの歌の中に詠みこまれている壱師ノ花とあるイチシとは一体全体どんな植物なのか。古来誰もその真物を言い当てたとの証拠もなく、徒らにあれやこれやと想像するばかりである。なぜなれば、現代では最早そのイチシの名が廃たれて疾くにこの世から消え去っているから、今その実物が摑めないのである。ゆえにいろいろの学者が単に想像を逞しくして暗中模索をやっているにすぎない。

甲の人はそれはシであるギシギシ（羊蹄）だといっている。乙の人はそれはメハジキのヤクモソウ（茺蔚《ジュウイ》すなわち益母草）だといっている。丙の人はそれはイチゴの類だといっている。丁の人はクサイチゴだといっている。戊の人はそれはエゴノキだといっている。そして一向に首肯すべきその結論に到着していない。

そこで私もこの植物について一考してみた。初めもしやそれは諸方に多いケシ科のタケニグサすなわちチャンパギク（博落廻）ではないだろうかと想像してみた。この草は丈高く大形で、夏に草原、山原、路傍、圃地の囲回り、山路の左右などに多く生えて茂り、その茎の梢に高く抽んでている大形の花穂そのものは密に白色の細花を綴って立っており、その姿は遠目にさえも著しく見えるものである。だが私はそれよりも、もっともっとよいものを見つけて、ハッ！これだなと手を打った。すなわちそれはマンジュシャゲ（曼珠沙華の意）、一名ヒガンバナ（彼岸花の意）で、学名を*Lycoris radiata Herb.*と呼び、漢名を石蒜《セキサン》といい、ヒガンバナ科（マンジュシャゲ科）に属するいわゆる球根植物で襲重鱗《しゅうじゅうりん》茎《けい》（Tunicated Bulb）を地中深く有するものである。

さてこのヒガンバナが花咲く深秋の季節に、野辺、山辺、路の辺、河の畔りの土堤、山畑の縁などを見渡すと、いたるところに群集し、高く茎を立て並びアノ赫灼《かくしゃく》たる真紅の花を咲かせて、そこかしこを装飾している光景は、誰の眼にも気がつかぬはずがない。そしてその群をなして咲き誇っているところ、まるで火事でも起こったようだ。だからこの草には狐《キツネ》ノタイマツ、火焔《カエン》ソウ、野ダイマツなどの名がある。すなわちこの草の花ならその歌中にある「灼然《いちじろく》」の語もよく利くのである。また「人皆知りぬ」も適切な言葉であると受け取れる。ゆえに私は、この万葉歌の壱師すなわちイチシは多分疑いもなくこのヒガンバナすなわちマンジュシャゲの古名であったろうときめている。が、ただし現在何十もあるヒガンバナの諸国方言中にイチシに彷彿たる名が見つからぬのが残念である。どこからか出て来い、イチシの方言！

万葉歌のツチハリ

万葉歌のツチハリ、それは『万葉集』巻七に「わがやどにおふるつちはりこころよも、おもはぬひとのきぬにすらゆな」（吾屋前爾生土針従心毛、不想人之衣爾須良由奈）という歌があって、このツチハリの名が一つの問題をなげかけている。

このツチハリ（土針）は、人がなんと言おうとも、または古書になんとあろうとも、それはけっして古人が王孫（『倭名類聚鈔』には「王孫、和名沼波利久佐（ヌハリグサ）……豆知波利（ツチハリ）」と書いてある）にあてているツクバネソウではけっしてない。

このツクバネソウは深山に生じているユリ科の小さい毒草で Paris tetraphylla *A. Gray* の学名を有し、もとより家の居囲りに見るものでは断じてない。またこの草は絶えて染料になるべきものでもなく、まずは山中の樹下にボツボツと生えているただの一雑草にすぎないのである。

今この歌でみると、そのツチハリは家の近か囲りに生えていて、そしてそれが染料になるものでなければならないはずだ。それでは何であろうか。

私の師友であった碩学の永沼小一郎氏は、ツチハリをゲンゲ（レンゲバナ）だとせられていたが、それにはもとより一理屈はあった。が、しかし私の愚考するところではツチハリに三つの候補者がある。すなわちその一はハギ（萩）の嫩い芽出ちの苗、その二はハンノキ、その三はコブナグサである。そこで私はこのコブナグサこそそのツチハリではなかろうかと信じている。すなわちその禾本科なるこの草は通常家の居囲りの土地に生えていて、その花穂が針のように尖っており、（それで土針というのだと想像する）、そしてその草が染料になるのだから、この万葉歌のツチハリとはシックリと合っているように感ずる。しかしこの事実は古来何人も説破しておらず、この頃私の初めて考えついた新説であるから、これが果たして識者の支持を受け得るか否かは一切自分には判らない。

右のコブナグサであれば、歌の「わがやどに生ふる」にも都合がよく、また「衣《きぬ》にすらゆな」にも都合がよい。

このコブナグサは *Arthraxon hispidus*（*Thunb.*）*Makino* の学名を有し、ホモノ科（禾本科）の一年生禾本で、各地方の随地に生じ土に接して低く繁茂し、前にも書いたように秋に沢山な針状花穂が出て上を指している。細稈に互生した有鞘葉はその葉片幅広く、基部は稈を抱いている特状があるので、容易に他の禾本と見別けがつく。そしてその葉形を小さい鮒に見立てて、それでこの禾本にコブナグサの名があるのである。

古く深江輔仁の『本草和名』には、このコブナグサを藎草《ジンソウ》にあててその和名を加伊奈

（カイナ）一名阿之為アシキとしてあり、また源順の『倭名類聚鈔』には同じく藎草にあてその和名を加木奈（カキナ）〔牧野いう、加木奈は蓋し加伊奈の誤ならん〕一云阿之井（アシヰ）としてある。コブナグサは京都の名で、江州ではサ、モドキ、播磨、筑前ではカイナグサというとある。貝原益軒の『大和本草』諸品図の中にカイナ草の図があるが、ただ図ばかりで説はない。またこれにカリヤス（ススキ属のカリヤスと同名）の名もあるように書物に出ている。『本草綱目啓蒙』には藎草の条下に「此茎葉ヲ煎ジ紙帛ヲ染レバ黄色トナル」と出ている。八丈島でもこれをカリヤスと呼んで染料にすると聞いたことがあった。

我国の本草学者などは中国でいう藎草をコブナグサに充てコブナグサの漢名としてこれを用いているが、これは誤りであって元来藎草とはチョウセンガリヤス（Diplachne serotina *Link.* var. chinensis *Maxim.*）の漢名である。そしてこの藎草は彼の『詩経』にある「菉竹猗々タリ」の菉竹で、中国には普通に生じ一つに黄草とも呼んでいる。『本草綱目』藎草の条下に李時珍のいうには「此草緑色ニシテ黄ヲ染ムベシ、故ニ黄ト曰ヒ緑ト曰フ也」とある。また梁の陶弘景《とうこうけい》註の『名医別録《めいいべつろく》』には「藎草……九月十月ニ採リ以テ染メ黄金ヲ作《ナ》スベシ」とあり、唐の蘇恭《そきょう》（蘇敬《そけい》）がいうには「荊襄《けいじょう》ノ人煮テ以テ黄色ヲ染ム、極メテ鮮好ナリ」（共に漢文）とある。しかし日本人は恐らくこのチョウセンガリヤスを染料として黄色を染めた経験は誰もまだもってはいまい。

日本の学者は古くから藎草をカイナのコブナグサにあて、コブナグサを藎草だと信じ切っているが、それは大間違いで藎草は前記の如くけっしてコブナグサではない。学者はそう誤認し、中国では上のように藎草が黄色を染める染料になるので、そこで日本で藎草と思いつめていたコブナグサが染め草となったものであろう。すなわち名の誤認から物の誤認が生じた訳で、つまり瓢箪から駒が出たのである。染料植物でないものが染料植物に化けたのである。が、これはそうなっても別にそこに大した不都合はない。なぜなら禾本諸草はたいてい乾かしておいて煮出せば黄色い汁が出て黄色染料になろうからである。しかしこの王孫前に還っていうが、日本の本草学者は王孫をツクバネソウとしている。しかしこの王孫は断じてツクバネソウそのものではない。そしてこのツクバネソウは日本の特産植物で、中国にはないからもとより漢名はない。

万葉歌のナワノリ

ナワノリ（縄ノリ）と呼ばれる海藻が『万葉集』巻十一と巻十五との歌にある。すなわちその巻十一の歌は「うなばらのおきつなはのりうちなびき、こころもしぬにおもほゆるかも」（海原之奥津縄乗打靡、心裳四怒爾所思鴨）である。そしてその巻十五の歌は「わたつみのおきつなはのりくるときと、いもがまつらむつきはへにつつ」(和多都美能於伎都奈波能里久流等伎登、伊毛我麻都良牟月者倍爾都追)である。

橘千蔭《たちばなちかげ》の『万葉集略解《りやくげ》』に「なはのりは今長のりといふ有それか」とあるが、このナガノリという海藻は果たして何を指しているのか私には解らない。そして今私の新たに考えるところでは、このナワノリというのは蓋し褐藻類ツルモ科のツルモすなわちChorda Filum *Lamour.* を指していっているのであろうと信じている。

このツルモという海藻は、世界で広く分布しているが、我が日本では南は九州から北は北海道にいたり、太平洋および日本海の両海岸で波の静かな湾内に生じ、その体は単一で痩せ長い円柱形をなし、その表面がぬるついており、砂あるいはやや泥質の海底に立って長さは三尺〔九〇センチ〕から一丈二尺〔三・六メートル〕ほどもあり、太さはおよそ一分〔三ミリ〕弱から一分半〔四・五ミリ〕余りもあって、粗大な糸の状を呈し、上部は漸次に細ってついに長く尖っている。地方によってはこれを食用に供している。そして体が極く細長いので、これを縄ノリとすれば最もよく適当している。このように他の海藻にくらべて特に痩せ長い形をしているので、海辺に住んでいた万葉人はよくこれを知っていたのであろう。ゆえに上のような歌にも詠み込まれたものだと察せられる。このように長い海藻でないとこの歌にはしっくりあわない。

蓬とヨモギ

源順の『倭名類聚鈔』に蓬を与毛木（ヨモギ）としてあるのがそもそもの間違いで、それ以来今もって今日にいたるもなお人々がヨモギを蓬と書いて怪まないが、私はなんら怪まずにかく人々の頭を怪まずにはいられない。古えよりとんでもない間違いをしてくれたもんだ。

ヨモギ（*Artemisia vulgaris L.* var. indica *Maxim.*）は艾《ガイ》と書くのが本当だ。元来これはモグサ（燃え草の省略せられたもので、横文字でもMoxaと書くのは面白い）に製する草であるが、今は多くヨモギの姉妹品であるヤマヨモギ（*Artemisia vulgaris L.* var. vulgatissima *Bess.*）を用いている。これは形が普通のヨモギよりも大きく、日本中部から以北の山地には最も分量多く普通に生じているものだ。葉も大きいからモグサに製するのに量があってよろしい。モグサには葉の裏の綿毛が役立つ。

またヨモギは誰もが知っている通り春の嫩葉《わかば》を採って餅へ搗きこみ、ヨモギ餅をこしらえる。色が緑でかつ香いがあってよい。そこで普通にこれをモチクサととなえる。

蓬をヨモギとするのは前述の通り誤りだが、またこれをムカシヨモギ一名ヤナギヨモギ一名ウタヨモギと称する小野蘭山の誤りも、ますますその間違いを深めその間を混乱さすものだ。蓬は元来我が日本には絶対にない草であるから、もとより日本名のあろうはずはない。

では蓬とは何んだ。蓬とはアカザ科のハハキギ（ホウキギ）すなわち地膚《ジフ》のような植物で、必ずしも単に一種とのみに限られたものではなく、そしてそれが蒙古辺の砂漠地方に熾《さか》んに繁茂していて、秋が深けて冬が近づくと、その草が老いて漸次に枯槁し、いわゆる朔北の風に吹かれて根が抜け、その植物の繁多な枝が撓み抱え込んで円くなり、それへ吹き当てる風のために転々としてあたかも車のように広い砂漠原を転がり飛び行くのである。そこでこれを転蓬《テンホウ》とも飛蓬《ヒホウ》ともいっている。すなわち蓬の正体はまさにかくの如きものである。

明の李時珍という学者が、その著『本草綱目』蓬草子の条下でいうには「其飛蓬ハ乃チ藜蒿ノ類、末大ニ本小ナリ、風之レヲ抜キ易シ、故ニ飛蓬子ト号ス」とある。また中国の他の書物には「其葉散生シ、末ハ本ヨリ大ナリ、故ニ風ニ遇テ輒《タチマ》チ抜ケテ旋グル」とも、また「秋蓬ハ根本ニ悪シク枝葉ニ美シ、秋風一タビ起レバ根且ツ抜ク」とも、また「蓬善《ヨ》ク転旋シ、直達スル者ニ非ザルナリ」とも、また「飛蓬ハ飄風ニ遇テ行ク、蓋シ蓬ニハ利転ノ象アリ、故ニ古ヘハ転蓬ヲ観テ車ヲ為《ツク》ルヲ知ル」とも書いてある。

もしも蓬に和名がほしければ、あるいはこれをトビグルマ（飛ビ車）、あるいはカゼグルマ（風車）、あるいはクルマグサ（車草）とでもいってみるかな。そうすると飛蓬、転蓬の意味にもかなう訳だ。

右にて蓬の蓬たるゆえんを知るべきだ。皆の衆聴けよ、この蓬がヨモギだトヨ、我国の学者はトンデモない見当違いをしたもんだ。眼界狭隘しかたもない。しかし大きなことは言わない、お里が分る、実《じつ》の吾らの知識も罌粟粒《けしつぶ》のようなもんだから。

於多福グルミ

クルミすなわち胡桃の一種にオタフクグルミと呼ぶ於多福面（スコブル愛嬌のある福相の仮面《めん》）の形をしたものがあって、一つに姫グルミともいわれる。こちらからいえば於多福どん、クルリと回ってあちらからいえば御姫様、と醜美を一実中に兼ね備えているから面白い。

オタフクグルミの樹は普通のオニグルミの樹とともに同所にまじって見られる。あるいは所によればオニグルミの樹の多い場合もある。これらの樹は多く流れに沿うた地に好んで生活し、山の脊などには生えていない。

オタフクグルミ一名ヒメグルミ一名メグルミはオニグルミの一変種で、けっして別種のものではない。つまりオニグルミの変わり品である。このオタフクグルミの学名として、初めはマキシモイッチ氏によって名づけられた Juglans cordiformis *Maxim.* が発表せられたが、これはただその核だけを見てつくった名であった。

私は信ずるところがあって、これをオニグルミの一変種としてその学名を Juglans Sieboldiana *Maxim.* var. cordiformis（*Maxim.*）*Makino* と改訂し変更した。アメリカでヒメグルミ（オタフクグルミ）の苗を沢山つくってみた人があったが、それが少しもオニグルミの苗と変わりなく一向にその区別が出来なかったので、アメリカの学者は私の意見に同意を表している。かの L. H. Bailey 氏の書物でもまた A. Rehder 氏の書物でもみなオタフクグルミすなわちヒメグルミを Juglans Sieboldiana *Maxim.* var. cordiformis *Makino* と書いてこれを採用している。

このオタフクグルミ（ヒメグルミ）の核果の核はその形状すなわち姿に種々な変化があって大小、広狭、厚薄はもとよりのこと、一方に大いに張り出したオタフク形のものがあるかと思うと、一方にはもっと痩せ形のものもある。また面に溝のあるもの溝のないものもある。また末端の尖りも低いもの、高いものがあってけっして一様ではない。またまれに縫線が三条あって三稜形（Trigona）のもの、縫線が四条あって四稜形（Tetragona）のものもある。またオニグルミとヒメグルミの間の子と思われるものもある。

オニグルミ（Juglans Sieboldiana *Maxim.*）にいたってはその大小は無論のこと、その形状もけっして一様でなく、末端の尖りも低いものもあれば、また大いに尖り出て高いものもある。表面の皺もその疎密、浅深が一様でなく、またほとんど皺のないものもあれば多少のものもある。じつに千様万態ほとんど律すべからずで、今その状態によってこれを分類すれば百くらいに区別することはなんでもない。Dode氏の分類は一向に当てにならなく、またその顰《ひそみ》に倣《なら》う学者の研究もなんら尊重するには足りない。要するにオニグルミはただ一種すなわちone speciesである。これは大言壮語ではなく、実際オタフクグルミ、オニグルミを各地から蒐めて検査してみた結論である。要するにクルミは人の顔を見るようなもので、その顔がどんなに違っていても、畢竟それはHomo sapiens *L.*一種のほかには出ないもんだ。

オニグルミ、ヒメグルミの実の皮は終りまでついに裂けないで樹から落ちるが、テウチグルミ(手打チグルミ)すなわち菓子グルミの果皮は緑色で平滑無毛、頂端から不斉に数片に裂け、その中の裸の核を露出し、この核が果皮を残してまず地に墜ち、しかる後ちにその果皮が枝から離れ落ちるので、オニグルミ、ヒメグルミとは大変にその様子が違っている。このテウチグルミを信州から多く出して来て東京の市中に売っている。

クルミの核は元来二殻片の合成したもので、その縫合線は密着して隆起した縦畦を呈しているが、ヒメグルミではその隆起の度がすこぶる低く弱いのである。このようにそれが二殻片からなっているから、その花時の柱頭は顕著に二つに岐かれている。けれども中の卵子はただ一個しかないので、したがってその核内の種子はやはり一個あるのみである。種子の皮は薄くて胚に密着し、頭部二岐せる胚は幼芽、幼茎を伴える大なる子葉からなって胚乳欠如し、吾らは油を含めるその子葉を食しているが、それはちょうどクリにおけると同じである。

クルミの語原は呉果《クルミ》であって、呉は朝鮮語でクルといわれ、それでクルミになるのである。そしてクルミの漢名は胡桃であるが、それは中国の漢の時代に張騫《ちょうけん》という人が西域から還るときこれを携え来たので、それでそういわれるとのことだ。しかしこの胡桃はオニグルミでもヒメグルミでもなく、それはテウチグルミすなわち *Juglans regia L.* var. *sinensis C. DC.* のことである。そしてこの主品なる *Juglans regia L.* はペルシャならびにヒマラヤの原産で、いま欧州大陸には諸所に栽植せられてあって、それがペルシャテウチグルミ（Persian Walnut の俗名がある）すなわちセイヨウテウチグルミである。以前はこのセイヨウテウチグルミすなわちペルシャテウチグルミの実が食品として輸入せられ、東京の銀座あたりの店で売っていた。その味は今日市場に出ている信州産のテウチグルミからみるとズット優れていた。いま信州に植えてあるものは、無論昔中国から伝えたのもあろうが、しかし明治年間にその実のよい西洋種を植えて改良を図ったと聞いたことがあった。そうすると信州には昔からの樹と西洋からの樹と両方がある訳になる。

右のペルシャテウチグルミがすなわち俗にいう Walnut であって、このウォールナットの語はもとは仏国でのGaul-nutから導かれたものだといわれる。そしてこのゴールは欧州で広い古代の地名である。

今日本にはクルミの類が二種しかないと私は断言する。そしてその種々の品はことごとくみなこの二種からの変わりたるものにほかならない。ここまでちょっと想起することは、日本でのオニグルミ一名チョウセングルミ（Juglans Sieboldiana *Maxim.*）はもとより日本の原産ではなく、もとは大陸の朝鮮種が伝わったのであろうと推想し得る。クルミの名もじつは呉果《クルミ》で朝鮮語原であるからそのクルミすなわちオニグルミは昔朝鮮から入ったものといえる訳で、これに疾くチョウセングルミ（一つにトウグルミともいわれる）の名のあるのも不思議とはいえない。そこで私はオニグルミ一名チョウセングルミをもって、満州、朝鮮ならびに黒龍江（アムール）地方にあるJuglans mandshurica *Maxim.* すなわちマンシュウグルミの一変種だと考定したい。果たしてそうだとすれば、その学名をJuglans mandshurica *Maxim.* var. Sieboldiana（*Maxim.*）*Makino*と改訂する必要を認める。そしてまたヒメグルミすなわちオタフクグルミの学名も従ってJuglans mandshurica *Maxim.* var. Sieboldiana（*Maxim.*）*Makino* forma cordiformis（*Maxim.*）*Makino*と改めなければならんことは必至の勢いである。すなわちマンシュウグルミからクルミすなわちオニグルミが出で、オニグルミからヒメグルミすなわちオタフクグルミが出たのである。

小野蘭山の『本草綱目啓蒙』に「真ノ胡桃《クルミ》ハ韓種ニシテ世ニ少シ葉オニグルミヨリ長大

ニシテ核モ亦大ナリ一寸余ニシテ皺多シ故ニ仁モ大ニシテ岐多シ」とあるものは恐らくマンシュウグルミを指していると思うが、しかしこれを真の胡桃であるといっているのは誤りで、胡桃の本物はチョウセングルミそのものでなければならなく、蘭山はそれを間違えているのである。

また、右『啓蒙』に「一種カラスグルミハ越後ノ産ナリ核自ラヒラキテ鳥ノ口ヲ開クガ如シ故ニ名ヅク」とあるものは珍しいクルミである。私は越後の御方に対して、これを世に著わされんことを学問のために希望する。また同書に「一種奥州会津大塩村ニ権六グルミト云アリ核小ニシテ圧口《ヲジメ》椋子トナスベシ是穴沢権六ノ園中ノ産ナル故ニ名ヅクト云甲州ニモコノ種アリ」と書いてある。私の手許にこの会津産の権六グルミが二顆あって、かつて『植物研究雑誌』ならびに『実際園芸』へ写真入りで書いておいた。そしてその学名を Juglans Sieboldiana *Maxim.* var. Gonroku *Makino* として発表しておいたけれど、これもまた Juglans mandshurica *Maxim.* var Sieboldiana (*Maxim.*) *Makino* forma Gonroku (*Makino*) *Makino* としておかねばならないだろう。

栗とクリ

「栗は日本になくクリは中国にない」。こう書くと誰でも怪訝な顔して眼をクリクリさせ、クリはどこにもあるじゃないかという。その通りクリは日本のどこにもあるが、しかし栗は日本のどこにもない。けれども漢和字典のようなものを始めとして、いろいろの書物にみな栗をクリとして書いてあるではないかと言い張るだろう。

ところが元来栗というのは中国産のもので、今それを学名でいえば Castanea mollissima *Blume* であり、西洋での俗名は Chinese Chestnut であって、あの町で売っているいわゆる甘栗がすなわちそれである。この栗は少しは今日本に植えられているようだが、しかしまだ日本でなった実が市場に出ることはなく、そして出るほど多量な実は今日日本では稔らない。それは畢竟その樹を大量に植えないからである。しかしこの栗は通常日本ではなかなかに実の着きが悪いといわれる。

私の庭にこの支那栗の樹が一、二本ばかり成長を続けている。その一本へ今年初めて花が咲いたが、ついに実がならずにすんだ。その樹の本の方は直径は一方のものは五寸〔一五センチ〕、一方のものは六寸五分〔一九・五センチ〕あって、この太い方へ花が着いた。

この支那栗はその幹の様子、葉の様子も無論大体は似ているが、日本のクリとは異なって嫩い幹は滑かであり、葉の広いものはその幅およそ三寸五分〔一〇・五センチ〕もあり、初めは裏面も緑色だが、後にはそれが白色を呈する。つまり非常に細かい白毛が密布するのである。この私の庭の木は前年市中で生の甘栗を買い来って播種したものである。今日でも大きく成長を続けてはいるが、依然として一向に実が生らない。

土佐に傍士栗《ボウシグリ》（私はこれを特にボウシアマクリと称える、何となれば別にボウシグリという名があるからだ）というのがつくられている。傍士駒市という人がセレクトした品種で実が大きい、すなわち支那栗の優品で、私はこの学名を Castanea mollissima *Blume* var. Booshiana *Makino*, var. nov. (Bur short-padicellate, large, subcompressed-globose, densely prickled, about 9 cm. across; involucre 4-valved, thick, pale-tomentose within; prickles rather stout, with acerose branches, pale-pubescent. Nuts 3-together in each bur, brown, 23–30 mm. long, 25–36 mm. broad, 13–30 mm. thick, very shortly cuspidate at the apex, rounded or truncate-rounded and white adpressed-pubescent towards the top. Seed-coats easily separate from the embryo, which is pale-yellow and sweet in teste. —*Bōshi-guri*.) と極めた。この一本が今私の庭に健全に成長している。その栗毬は大形で堅果も大きい。

支那栗すなわちアマグリは実の渋皮がむけやすく味が甘いのが特徴である。日本のクリとこの支那栗とをかけあわせてその間種をつくってみたら利益があることと思うが、もうどこかでその見本樹が出来ているかも知れない。

日本のクリはその学名は Castanea crenata *Sieb. et Zucc.* で、西洋での俗名は Japanese Chestnut である。そしてクリの語原は黒い意味でその実の色から来たもんだ。これは日本の特産で中国にはない。ゆえに中国名の栗の字をもって日本のクリそのものとすることは出来なく、クリはいつまでもクリで、中国の栗の字をもって日本のクリにあてることは正しくない。しかるに従来の学者はそんなイキサツのあることは知らないから、栗の字を日本のクリへ適応して平気でいるが、それは全く勘違いだから、栗の字を日本のクリから絶縁さすべきだ。そして日本のクリは仮名でクリと書きかつそう呼べばそれでよい。

これに類したことは松の字でも見られる。元来松は中国特産のシナマツを指したもので日本のマツの名ではないから、厳格にいえば日本のマツへ対して書くべき文字ではない。日本のマツには書くべき漢名は一つもないから、マツはマツで押し通すよりほかに途はない。また黒松といい赤松というのもじつはシナマツの一品であって、日本のクロマツ、アカマツへ適用すべき漢名ではない。日本のマツは一切中国にないから従って中国名がないのが当たりまえだ。

アスナロノヒジキ

アスナロとはアスナロウで明日《アス》ヒノキになろうといって成りかけてみたが、ついに成りおうせなかったといわれる常緑針葉樹だ。相州の箱根山や、野州の日光山へ行けば多く見られる。この樹はマツ科に属し Thujopsis dolabrata *Sieb. et Zucc.* の学名を有するが、もとの学名は Thuja dolabrata *L. fil.* であった。そしてこの種名〔種小名〕の dolabrata は斧状の意で、それは斧の形をして枝に着いているその葉の形状に基づいたものだ。

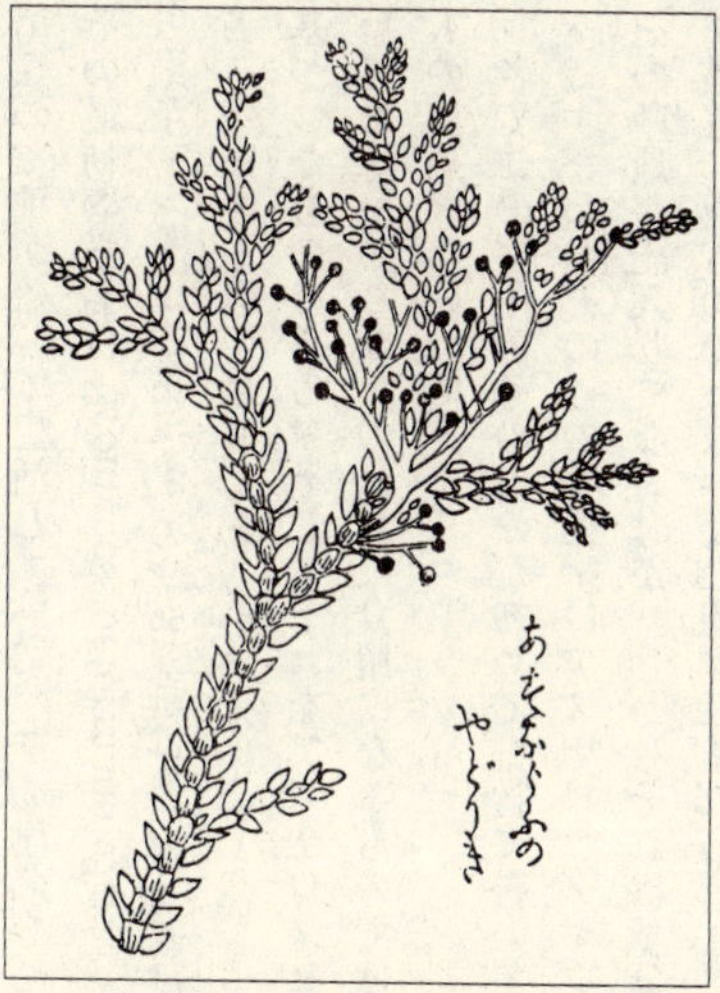

アスナロウノヤドリギ＝アスナロノヒジキ
（『本草図譜』）（原図着色）

　この樹の枝にはアスナロノヒジキと呼んで、一種異様な寄生菌類の一種が着いて生活していて、その学名を Caeoma deformans *Tubeuf* と称するが、その最初の学名は Uromyces deformans *Berk. et Ber.* であった。また白井光太郎博士は Caeoma Asunaro *Shirai* の学名を設けたがこれは不用になった。すなわちこの種名〔種小名〕の deformans は畸形あるいは不恰好というような意味で、それはその菌体の形貌に基づいたものである。そしてそれをアスナロノヒジキと呼んだが、しかしヒジキの名はあっても海藻のヒジキのように食用になるものではなく、単にその姿をヒジキに擬ぞらえたものに過ぎないのである。

さてこの寄生菌そのものが初めて書物に書いてあるのは岩崎灌園の『本草図譜』であろう。すなわちその書の巻九十にアスナロウノヤドリギとしてその図が出ている。けれどもその産地が記入してない。が、しかしそれは多分野州日光山かあるいは相州箱根山かの品を描写したものではないかと想像せられる。

明治の年になって東京大学理科大学植物学教室の大久保三郎君（大久保一翁氏の庶子でかつて英国へ遊学し、帰朝して矢田部良吉《やたべりょうきち》教授の下で助教授を勤めていた穏やかな人だったが、明治二十五年矢田部教授が大学を非職になった時同時に大学の職を退き、後ち東京高等師範学校の教員となっていた）がこれを明治十八、九年（1885-86）頃に相州箱根山で採って、それを明治二十年（1887）三月発行の『植物学雑誌』第一巻第二号で「又同駅〔牧野いう、箱根駅〕ヨリ三町も熱海道へ出タル処ニひめあすなろう〔牧野いう、普通のあすなろでこれをかくひめあすなろうと云うは誤りだ」一本（駅ヨリ行ク時ハ左側）アリ是モひめあすなろうナレバ別ニ面白キコトモナシトテ過行カバソレギリナリシガ其時思フニ縦令ひめあすなろうニモセヨ植物ノ散布ヲ調ブル時ノ為ニハ入用ナレバ一枝ヲ採ラント立寄リシニ葉ノ裏ニ二又ヅ、二枝ヲ出セシモノ、別ニ葉モ花ラシキ者モナキ寄生品ヲ見出セリ、アレハあすなろうノ葉ノ変化物ナラント云ヘリ当時余モ葉ノ変物ナルヤ全ク一種ノ寄生物ナルヤヲ確定スル能ハザリシガ其後再ビ箱根ニ赴タル時前述ノ木ト今少シ駅ニ近キ処ノ右側ノ小林中ニテ同物ヲ得タリ此度ハ其生ズル処ハ葉ノミニ限ラズ枝ニモ幹ニモ生ゼリ而シテ其全ク一種ノ寄生植物ニシテ年々新枝ヲ出ス頃ニハ前ニ栄ヘシ枝ハ枯レ行クモ全ク枯レ尽ルコトナキ多年生本ナルコトヲ見出セリ、而シテ子房ノ様ナルモノヲ発見セリ（此植物ニ付テハ他日再述ブルコトアルベシ）」と書いてある。しかし同君はそれを菌類とは気づかず、何か寄生の顕花植物だと想像し、前記のように「子房ノ様ナルモノモ発見セリ」と書いている。

次で白井光太郎博士が明治二十二年（1889）七月発行の同誌第三巻第二十九号でさらに詳細にこれを図説考証した。その時に同博士はこれを一種の寄生菌だと断定し、それをCaeoma《ママ》属の種類であろうと考えられた。そしてこれにアスナロノヒジキなる新称をあたえ、「此物和名なし依て仮に之れをあすなろのひじきと名付けたり此名は伊豆新島の方言にひのきばやどりきをつばきのひじきといへるを思ひて其の形の稍似たるより名付たるなり但し此の物は其の形やどりぎに似たるといえども其の性質全くやどりぎと異なり寄生菌の為めに起る一種の樹病なり之れをあすなろのやどりきといはずしてひじきといへるはこれが故なり而して此のひじき状をなしたる物は寄生菌の為に異常の発育をなしたるあすなろの枝なり独逸にて此類の病を hexenbesen と名付く」と書かれた。

ここに面白い私の巧名ばなしがある。それはそのアスナロノヒジキを相州箱根で採ったのは、右の大久保三郎君よりは私が一足先きであったことである。すなわちそれは明治十四年（1881）五月に私は東京からの帰途この箱根を通過した。時に私の年は二十歳であった。そしてその峠のところで尾籠《びろう》な話だが偶《たまた》ま大便を催したので、路傍の林中へはいって用を足しつつそこらを睨め回していたら、ツイ直ぐ眼前の木の枝に異形な物が着いているのを見つけた。用便をすませて早速にその枝を折り取り標品として土佐へ持ち帰り、これを日本紙の台紙に貼付しておいた。後ち明治十七年（1884）になって再び東京へ出たとき、またそれを他の植物の標品と一緒に持参した。しかし久しい前のことで今その標品はいずれかへ紛失して手許に残っていないのが残念である。すなわちこのアスナロノヒジキはかくして私が初めてこれを箱根で採ったのである。大久保君が同山で採ったのはそれより六、七年も後ちで明治十八、九年頃であったのである。

このアスナロノヒジキは一種の寄生菌、すなわちアスナロの害菌で、そのもとの学名 Uromyces deformans *Berk. et Broom* は初めてかのチャレンジャー航海報告書にその図説が発表せられたのである。すなわちその原標品は同船の採集者が、我が日本で採集し持ち

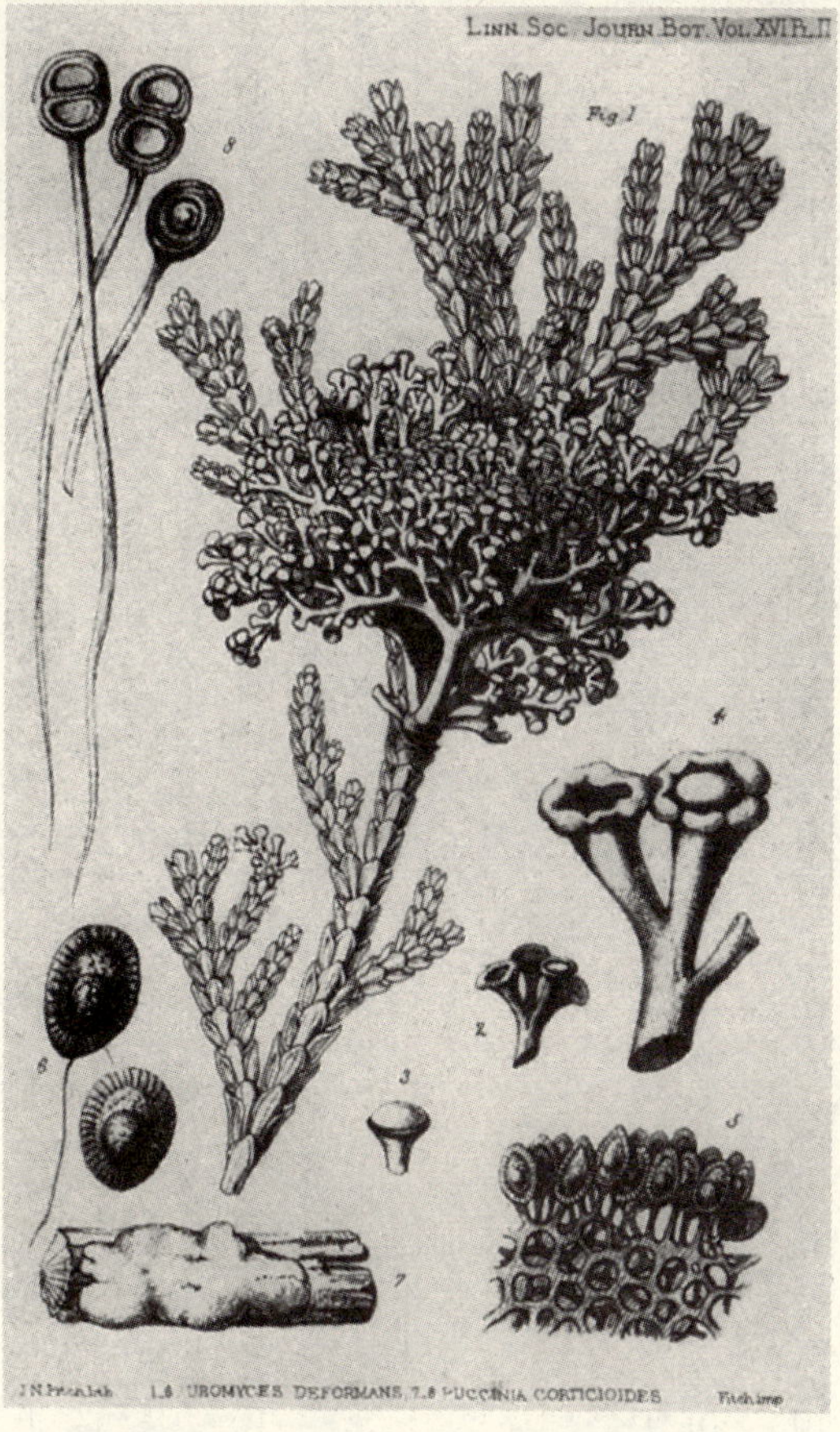

Uromyces deformans *Berk. et Broom.* 1-6（7-8 は Puccinia corticioides *Berk. et Broom.*）〔*Journal of the Linnean Society*, Bot. vol. XVI Plate II〕

アスナロノヒジキ＝アスナロウノヤドリギ

帰ったものだ。西暦一八八七年我が明治二十年に発行になった英国の *Journal of the Linnean Society* 第十六巻に右の図（記事も共に）が載っているので、今これを写真に撮りここに転載した。

この菌はまたアスナロに近縁異属のクロベ一名ネズコすなわち Thuja Standishii *Carr.*（= *Thuja japonica* Maxim.）にも寄生するのだが、この樹のものは瘠小で緑色を呈しすこぶる貧弱な姿を呈している。私はこれをクロベヒジキと新称し、その学名を Caeoma deformans *Tubeuf* var. gracilis *Makino*, var. nov. (Body smaller, slender, loosely ramose, green.) と定めたがこれは稀品であって、私はこれを野州日光の湯元で採った。

キノコの川村博士逝く

理学博士川村清一《かわむらせいいち》君は日本で第一番の菌蕈学者すなわち斯界のオーソリティであったが、六十六歳を一期として胃潰瘍のため吐血し、忽焉易簀《こつえんえきさく》せられたのは惜しみてもなお余りがある。

君は作州津山の生れで、松平家の臣であった。明治三十九年（1906）七月に東京帝国大学理学部植物科を卒業し、直ちに日本の菌類を研究する途を辿っていた。その間洋行もし、内外多くの文献も集め、また実地に菌類標本も蒐集して研究の基礎を築いた。今はこれらの書籍、標本はみな遺愛品となって遺るに至ったが、遺族の方はこれを日本科学博物館に献納したと聞いた。私は斯学のためまた博士生前の努力のため、ひとえにそれを安全に保存せられんことを切望する次第である。

同君は自ら写生図を描くことが巧みであったので、他の図工を煩わすに及ばず、みな自分で彩筆を振った。書肆が競って中等学校の植物教科書を出版した華やかな時代には、同君に嘱して菌類の着色図を描いてもらいその書中を飾ったものだ。甲の教科書にも乙の教科書にもキノコの着色図版といえば、後にも先きにも川村君の腕を振う独壇場であった。

君には二、三の優秀な菌類図書が既刊せられてはいるが、その多年にわたって自身に写生してためたものをまとめて一書となし、まず同君最後の作として東京本郷の南江堂でこれを印刷に付し、ヤット出来上がった刹那、昭和二十年の戦火で不幸にもそれが灰燼となって烏有に帰した。まことに残念至極なことで、確かに学界の大損失であるといえる。

川村君は燃ゆる心を以て再挙を図っていた。幸いにその原稿の原図が戦火を免かれ、安全に残ったことを同君の書信で知ったので、私はその不幸中の幸運を祝福し、右菌類図説の再発行を祈っていた。

そのうち昭和二十年八月十五日に終戦になったので、程もなく同君は山梨県東八代郡花鳥村竹居の疎開地から無事に都下滝野川区上中里十一番地の自宅へ還った。が、間もなく天、同君に幸いせずついに上に記したように、不幸にして不帰の客となった。

同君は晩年には大いに菌類を研究して新種へ命名し、世に発表するような仕事には手を出さなく、もっぱら従来研究したものを守り、それをまとめて整理し世に公にすることに腐心せられていた。とにかく日本で晨星もただならざるほど少ない菌学者の一人を喪ったことはまことに遺憾の至りである。まだ死ぬほどの老齢でもなかったが、どうも天命は致し方もないものだ。

同君と私とは、同君が大学在学当時以来すこぶる昵懇の間であったので、突如として同君の訃音をきいたときは、殊に哀愁の感を禁じ得なかった。

日本の植物名の呼び方・書き方

日本の草や木の名は一切カナで書けばそれでなんら差し支えなく、今日ではそうすることがかえって合理的でかつ便利でかつ時勢にも適している。マツはマツ、スギはスギ、サクラはサクラ、イネはイネ、ムギはムギ、ダイコンはダイコン、カブはカブ、ナスはナス、ネギはネギ、キビはキビ、ジャガイモはジャガイモ、キャベツはキャベツ等々でよろしい。なにも松、杉、桜、稲、麦、馬鈴薯、甘藍などと面倒臭くわざわざ漢字を使って書く必要はない。元来漢字で書いたものはいわゆる漢名が多く、漢名は中国の名だから、こんな他国の字を用いて我国の植物を書く必要は認めない。ゆえに従来の習慣のように漢字を用うるのはもはや時世後れである。昔はそれでもよかった時代もあったが、今日はもう世の局面が一転し、旧舞台が回って新舞台になっていることを理解していなければならない。東方日出でてなお灯を燃やす愚を演じては物笑いだ。

東京帝国大学理学部植物学教室では、何十年以来植物の日本名はみなカナで書いているが、世間はズット大学より後れて昔の習慣から脱却し得ず、いわゆる古い殻を脱がないのである。それがどれほど日本文化の進歩を妨げているか、まことに寒心の至りに堪えない。また自分の国での立派な名がありながら、他人の国の字でそれを呼ぶとはまことに見下げはてた見識で、また独立心の欠けている話し、これはまるで自己の良心を冒瀆し、自分で自分を辱かしめているといわれてもなんとも弁解の言葉はあるまい。ゆえに一日、否な一刻も早くこの卑屈な旧慣を改め、この不見識な旧習から脱却して、現下の時勢に鑑み今日の進歩に後れぬように努めねばならないが、しかし旧態依然たる陋習《ろうしゅう》を株守している人々が世間に多く、これではけっして文化的または科学的な行き方とはいえまい。

オトコラン

男子蘭《オトコラン》！　何んとも勇ましい名じゃないか。元来それはどんな植物か。また誰がそういう名をつけたか。すなわちこれはユリ科に属する Yucca gloriosa *L.* に対して私の命じた和名なのである。そしてこの植物は北米の南カロリナ州から南してフロリダ州の海浜に沿った地の原産で、俗に Spanish Dagger（イスパニア人の短剣）といわれるものである。このYucca という属名は元来トウダイグサ科の Manihot（すなわちその肉根から Tapioca, Cassava, Macaroni が製せられる）に対する Yucca という土名であるのだが、それを昔Gerarde という学者が今の植物と間違えたのであるといわれる。そしてその種名〔種小名〕の gloriosa は noble で崇高すなわち気高い意味で、それはこの植物を賞讃したものである。

本品は強壮な常緑多年生の硬質植物で、茎は粗大で短く、あまり高くならない。深緑色を呈した葉は強質であたかも銃剣の状をなし、多数に叢出して幅がやや広く、その形は披針形で葉末は鋭い刺尖を呈している。そして葉心から太い花軸を立てて大なる花穂を挺出し、六花蓋片の白花を群着する。雄蕊の葯と雌蕊の柱頭とは相当相離れていて、どうしても蛾の媒介がなくてはその結実がむずかしい特性をもっている。すなわちこの属はこの点のため世界で著名なものとなっている。

この男ランが今、日本国会議事堂の前庭に列をなして沢山に栽っていてすこぶる勇壮な装飾となっている。すなわちこれが偶然にも国会の庭前に列植せられているのが幸いで、私はこれは議員諸君が熱意をもって国政を議するとき、我が日本のために男らしく尽すという表徴植物たらしめたいと思っている。私はこの男ランの名を無意義に了らしめぬように議員諸君に懇願してやまない。そして議員諸君が登院のさいには、是非とも右の意味で必ず燃ゆる心の一瞥をこの男ランの上に注がれんことを切望する。

ここに別に君ケ代蘭（私の命名）という同属の一種があって、植物園にはもとより、今諸処の人家の庭にも見られるのが、この種の葉は上の男ランとは違い、その葉叢生していて狭長厚質な緑葉が四方に垂れている。ずっと以前に小石川植物園ではこの品をYucca gloriosa *L.* だと思っていた。その時分に本品に対して君ケ代ランの和名（私の命名）が出来た。しかるにこれはじつはYucca gloriosa *L.* ではなくてYucca recurvifolia *Salisb.*（=*Yucca gloriosa* L. *var. recurvifolia* Engelm.）の学名のものであることが後に判った。そしてこれもまた北米フロリダ州の原産である。しかしその和名はそのままにしておいた。

ついでに日本へ来ているYucca《マヽ》属には普通の場合次の二種がある。すなわち一つは無茎種で俗にAdam's Needle（アダムの鍼）と呼ばれるYucca filamentosa *L.* で、その葉縁には白い糸があるから直ぐに見別けがつく。そしてこれをイトランと称する。今一つは顕著なる有茎種で高く立ち、剣状の硬質葉が多数に茎の周囲に密生している。この種は渡来している他の品種とは違って往々長楕円形の肉果が生るのだが、それは何んという国産の蛾が媒介する結果なのか、まだ誰も親しく実験した我が学者の名を聞いたことがない。本種の学名は Yucca aloifolia *L.* で Spanish Bayonet（イスパニア人の銃剣）なる俗名がある。そしてその和名をチモランと称しているが、このチモランはじつはイトランの方の名で、元来は千毛蘭と書いてある。これは葉縁の鬚毛に基づきそう書いたものをチモウランと訓まずにチモと訓み、後に間違えられて Yucca aloifolia *L.* の名になったのであるが、今日の学者にはこんなイキサツのあることは恐らく誰も知るまいから、今ここにそれを明かにしておく義務が私にはある。明治十五、六年頃に土佐高知の多識学者今井貞吉君がこれを千枚蘭《センマイラン》と名づけていたが、私はこれはよい名だと思った。同君のいうには、塀の内部へこれを列植すれば剣のような多くの葉がむらがり刺すのだから、暗夜に塀を越えて侵入し来る盗賊を防ぐにはまことに良策であると話していた。

盗賊を防ぐので思い出したのは、ジャケツイバラを塀の背に這わすことだ。これは最も有効な植物利用の防盗策であると信ずる。あの逆に曲がっている無数の鉤刺は強く固く、この鋭い鉤刺には何物も敵し難く煩わしくよく引っかかりけっして脱することが出来ない。そして冬月その葉の小葉は落ち去ってもなお鉤刺を甲《よろ》うその主軸ならびに枝軸には依然としてその鉤刺が残り、その刺体は確かと茎に固着して脱去しない。ゆえに四季を通じていつも有効である。そしてこの植物にはかく刺はあるが、その再羽状複葉はその姿その色まことに眼に爽かであるばかりではなく、さらに大きな花穂を葉間に直立させて黄花を総状花序に綴るの状また大いに観るに足り、塀上の風趣転《うた》た掬すべきものがある。私は先年伊勢宇治の町で偶然珍らしくこの有様を見、その家主人の風流と慧眼とに感服したことがあった。

風流で盗賊防ぐ思い付き

上に記した土佐高知の今井貞吉君は今は疾くに故人となったが、同君は多識なうえにすこぶる器用でかつ多趣味な人で、よくいろいろのことに通じていた。その中でも特に古銭に精しく斯界での大家であった。『古泉大全』と題する大著があって、その書中の古銭図は、もし間違いがあっては正鵠を失するといって、みな自身で手を下して丁寧正確に彫刻し、その書の印刷もまた活版印刷機を室内に用意し、下女などに手伝わせて自家の座敷、畳の上で印刷したものである。後ち東京の守田宝丹（下谷池ノ端、宝丹本舗の主人）が編した古泉の著書にも大分今井君がその面倒をみたものであった。同君はまた日本全国郵便局の消印ある二銭の郵便切手（赤色）を集めていた。中にはすでに廃局になった郵便局の消印あるものまでもみな洩らさずにことごとく集めていた。これは先ず類をみないなかなか凝った趣味的蒐集である。

私はよく高知付近の植物産地を同君からきいたことがあって、今もそれを書き付けたものが手許に残っている。

その時分同君の庭に龍眼樹の盆栽があって、その実を着けた写真が、これも同君からもらって今も所蔵している。これが土佐高知で実を結んだのは珍らしいことであるが、冬はキット窖《あなぐら》へ入れて保護してあったのであろう。同家の庭は広くて水石の景致に富んでいた。その植え込みの中に大きなハマユウがあったことを今も記憶している。同君の邸は高知本《ほん》町《まち》の南側にあって、店ではその息子さんが時計などを商なっていた。

中国の椿の字、日本の椿の字

世間ではよく中国の椿の字と、日本での椿の字とを混同していて明瞭を欠いている場合が少なくない。つまりその椿の字を二つに使い別けすべき根本知識が欠けているから、そんなアヤフヤしたことになるのである。

ツバキによく椿の字が書いてあるのは誰でも知っているが、この場合はけっして中国の椿ではない。ゆえにこの中国の椿と日本のツバキの椿とが同字であると思ったら、それは大きな見当違いである。これはたとえその字体は全く同じでも、もとより同字ではないからである。

中国の椿の場合はその字音は普通チン（丑倫切）で、その植物はかのいわゆるチャンチンを指している。が、椿の字が一朝ツバキとなると、けっしてチンではないのである。そしてこのツバキの場合は和字、すなわち和製（日本製）の文字でそれをツバキと訓ませたものである。それはツバキは春盛んに花が咲くので、それで木扁に春を書いた椿の字を古人がつくったもんだ。寺島良安の『倭漢三才図会』にも椿を倭字（日本字）だと書いてある。ゆえにこの椿はツバキと訓むよりほかにいいようはない。そしてこれはもとより字音はないはずだが、強いてこれを字音で訓みたければそれをシュンというよりほか訓みようはない。たとえその字面は中国の椿そっくりであっても、それはけっしてチンではない。ゆえにツバキのことを書いてある書物の『百椿図』とか『椿花集』とかは、これをヒャクシュンズまたはシュンカシュウというのが本当で、今までのようにそれをヒャクチンズとかチンカシュウとか呼ぶのは全く間違いである訳だ。古来どんな人でも一向にこの点に気がつかず、その間違いを説破した者が一人もないとはどうしたもんだ、オカシナ話である。

ハギとしてある萩の字も和製字で、これは秋に盛んに花がひらくので、それで艸冠りに秋の字を書いた訳で、中国にある本来の萩の字ではない。この中国の萩は蒿（ヨモギの類）

であると字典にあってハギとは何の関係もない。すなわちこれは神前に供えるからサカキに対しての榊をつくったのと同筆法である。

ノイバラの実、営実

ノイバラ（Rosa multiflora *Thunb.*）の実は小形で小枝端に簇集して着いていて、秋に赤熟する。採ってこれを薬用とするがその名を営実《エイジツ》といわれている。梁の陶弘景《とうこうけい》という学者は「営実即《ハチ》薔薇《ノ》子也」といっている。

明の時代の学者である李時珍は、その著『本草綱目』巻之十八、蔓草類なる墻蘼《ショウビ》（薔薇）すなわちノイバラの「釈名」の項で時珍のいうには、「其子成《シテ》レ簇《ヲ》而生《ジ》如《ク》二営星《ノ》一然《リ》故《ニ》謂《フ》二之《ヲ》営実《ト》一」とある。そうするとこのノイバラの実が簇成していてそれが営星のようだから、それでその実を営実というのだとの意味である。なおこの実については時珍はその集《しっ》解《かい》中で「結《ビ》レ子《ヲ》成《ス》レ簇《ヲ》生《ハ》青《ク》熟《ハ》紅《シ》」と書いている。

私はこの営星という星が解らなかったので、先きにこれを斯界の権威野尻抱影《のじりほうえい》先生にお尋ねしたことがあって、同先生から丁寧な御返書を頂戴したが、今ここにはそれを省略する。

頃日友人の理学士（東大理学部、植物学出身）恩田経介君から次の書信を落手し、この営星について同君の披瀝せる見解を知ることが出来たので、ここに君の書信（昭和二十一年八月二十一日発信）の全文を披露し紹介する。

先頃参上いたしました節、ノイバラの実を営実というが、営実とは星の名から由来したものだが、営星とは、何星にあたるか、分らないとのお話を承りました、それを想い出して只今本草綱目を見ましたら

……如営星故謂之営実

とあり、営星の如くとあるから営星は紅色の星だろうと想像し、紅い星は火星だろうと見当をつけ、火星は支那では何というかと調べて見ましたところ、熒惑（ケイコク、よくケイワクと誤読するものと言海にも国語大字典にもあります）［牧野いう、惑は元来漢音がコク、呉音がヲクで同音の或という字と同じくもとよりワクという字音はないのだが、我国昔からの習慣音としてこれをワクといっている。ゆえに迷惑、惑溺、惑乱、惑星は実はメイコク、コクデキ、コクラン、コクセイが本当だけれど、今これをメイワク、ワクデキ、ワクラン、ワクセイといわないと世間に通じない。また或問もワクモンとしないとコクモンでは同様通じない。またクキの茎には本来ケイという字音はなく、漢音はカウ、呉音はギヤウだけれど、今世間では日本在来の習慣に従って通常ケイと呼んでいる始末だ」というのだとあります。支那

の学生辞典にも「熒惑《けいわく》行星名即火星也」とあり、日本の模範英和辞典にもMarsの訳に熒惑、火星とあります。それで熒の字を康熙字典《こうきじてん》で見ますと熒のところに、熒惑、星名……察剛気以処、熒惑亦作営とあり、営のところには、営与熒通、熒惑星名亦作営とありました、それで熒星と営星とは同じもので何れも火星のことだとわかりました、猶お漢和大辞典（小柳司気多）の惑のところに熟字の例として熒星、営惑というのがあがっています。

以上のものだけでも私の想像した営星は紅い星だろう、紅いのは火星だろうから営星とは火星のことだろうということが中ったような気がいたします。「営即営星は熒惑即火星なり」としてはいかがでしょう

これはまことに啓蒙の文であるのみならず、あまつさえ同君快諾の下にこの拙著のページを飾り得たことを欣幸とする次第だ。

マコモの中でもアヤメ咲く

ふるくから人口に膾炙した俚謡に「潮来《いたこ》出島《でじま》の真菰《まこも》の中であやめ咲くとはしほらしや」

というのがある。今この原謡を『潮来図誌』で見ると、その末句の方が「あやめ咲くとはつゆしらず」となっている。

私は先きにこの謡を科学的に批評してみた。すなわちそれは昭和八年(1933)十一月に、東京の春陽堂で発行した『本草』第十六号の誌上であった。

全体アヤメにはじつは昔のと今のとの二つの植物があるので、この謡のアヤメがぐらついているところを探偵し、目を光らかした私の筆先きにチョッと来いと捕えられて、初の法廷でその黒白が裁判せられた。その判決によると、この謡は無罪とは行かなかった。しかしこれまで久しい年月の間これを摘発してその欠点を暴露せしめた人はなかったが、それの初任の裁判官は私であった。

この謡の中にあるアヤメは元来何を指しているのかというと、それはこれまで皆の衆が思っているようにアヤメ科なるIris属のアヤメ(従来日本の学者はこのアヤメを渓蓀《ケイソン》だとしているがそれはもとより誤りだ)を指したもんだ。そしてじつはこの美花を開くアヤメでなければ「しほらしや」が利かない。しかしそうするとこのアヤメが果たして真菰の中に生えていてもよいものかどうかの問題となるが、アヤメは元来乾地生で実際水中には生えないから、この点でこの謡は落第する。もしこのアヤメを昔のアヤメ、よく和歌に詠みこまれているアヤメグサ、すなわち今のショウブ(白菖蒲、一名水菖蒲、一名泥菖蒲)とすれば、これは水生植物であるから、マコモにまじって生えていたとてなんら差し支えはないのだ

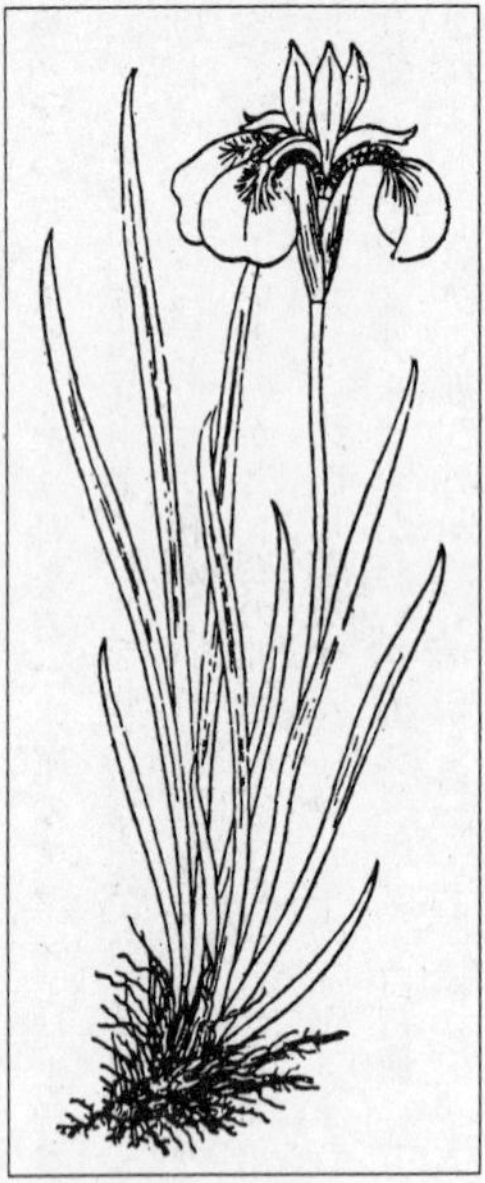

今日のアヤメ、昔のハナアヤメ
（陸地に生えていて水にはない）

が、困ることにはその花はけっして「しほらしや」と謡うことが出来なく、恐ろしく陰気でグロ（grotesque）であるのである。アチラ立つればコチラが立たず両方立つれば身が立たずの俗謡のようなジレンマに陥る。がしかしこのさいはそんな理屈ばった科学的な解釈をよけ、むつかしい見方をせずに、マコモの中でしほらしくアヤメ（Iris属《ママ》）の花が咲いているとこれまで通り通俗に解し裁判も執行猶予にしておけば、野暮にもならず物騒にもならずにすんで、やはりこの俚謡は情趣的によいことになる。「あんまりにアラを捜せば無風流」。

潮来《いたこ》町（昔は潮来《いたこ》を板子《いたこ》と書いた）は常陸行方《なめかた》郡の水郷で、霞ケ浦からの水の通路北利根川にのぞみ、南は浪逆《なさか》浦を咫尺《しせき》の間に見る地である。昔は遊郭妓楼の艶めかしい三弦の音を聞きかつ聴きして、白粉の香にむせぶ雰囲気中に遊蕩する粋な別天地であったが、星移り物換った今日ではもはや往きし昔の面影もなく、ただゆかしい名を永く後の世に留めているにすぎない。その時分に婀娜《あだ》な妓の可愛らしい朱唇から宛転たる鶯の声のようにほとばしり出て、遊野郎や、風流客を悩殺せしめた数ある謡の中には次のようなものがあった。

君は三夜《さんよ》の三日月さまよ、宵にちらりと見たばかり
恋にこがれて鳴く蟬よりも、鳴かぬ蛍が身を焦がす
恋の痴話《ちわ》文《ぶみ》鼠に引かれ、鼠捕るよな猫欲しや

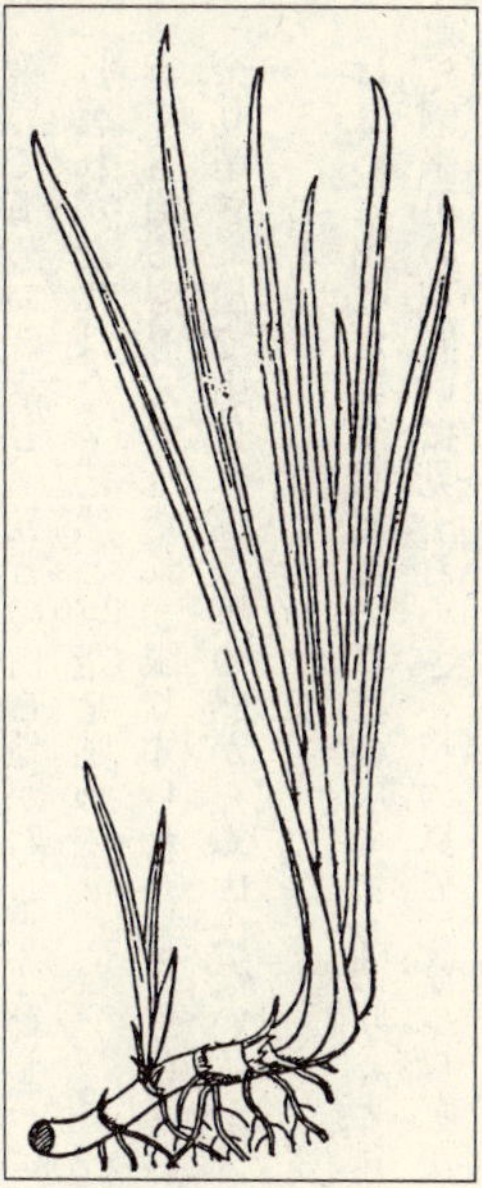
今日のショウブ、昔のアヤメ
(水に生えていて陸地にはない)

染めて悔しい藍紫も、元との白ら地がわしや恋ひし
日暮れがたにはたゞ茫然《ぼんやり》と、空を眺めて涙ぐむ
行くも帰るも忍ぶの乱だれ、限り知られぬ我が思ひ
余り辛さに出て山見れば、雲の懸からぬ山はない

はじめに出した「潮来出島の真菰の中であやめ咲くとはしほらしや」の中にある出島《でじま》は直ぐ潮来町の真向いに見える小さい州の島で、蘆《よし》や真菰が生えていた。

マクワウリの記

マクワウリは真桑瓜と書く。この真桑瓜は美濃本巣郡真桑村の名産で、昔からその名が高く、それでこの瓜をマクワウリと呼ぶようになって今日に及んでいる。またこの瓜は無論諸国につくられるので多少品変わりのものも出来て、中に谷川ウリ、ボンデンウリ（タマゴウリ）、田村ウリ、ヒメウリ、ネズミウリ、アミメマクワ（新称、瓜長楕円形緑色の皮に密に網目がある）などがある。またギンマクワウリすなわちギンマクワというものもあれば、またキンマクワウリと呼ぶものもある。

この時分すなわち徳川時代から明治初年へかけた頃における普通常品のマクワウリはここに掲げた図にあるように枕形をした楕円形のもので、長さ四寸〔一二センチ〕ないし六、七寸〔一八〜二一センチ〕内外、径三寸〔九センチ〕ばかりもあり、初めは緑色であるが熟すると黄色を帯び皮は厚かった。昔は単にウリと称えまたホソヂともいった。またアマウリともアジウリとも呼んだ。また土佐ではマウリといっていたが、それはマクワウリの略せられたものである。そしてマクワウリの学名はCucumis Melo *L.* var. Makuwa *Makino* である。

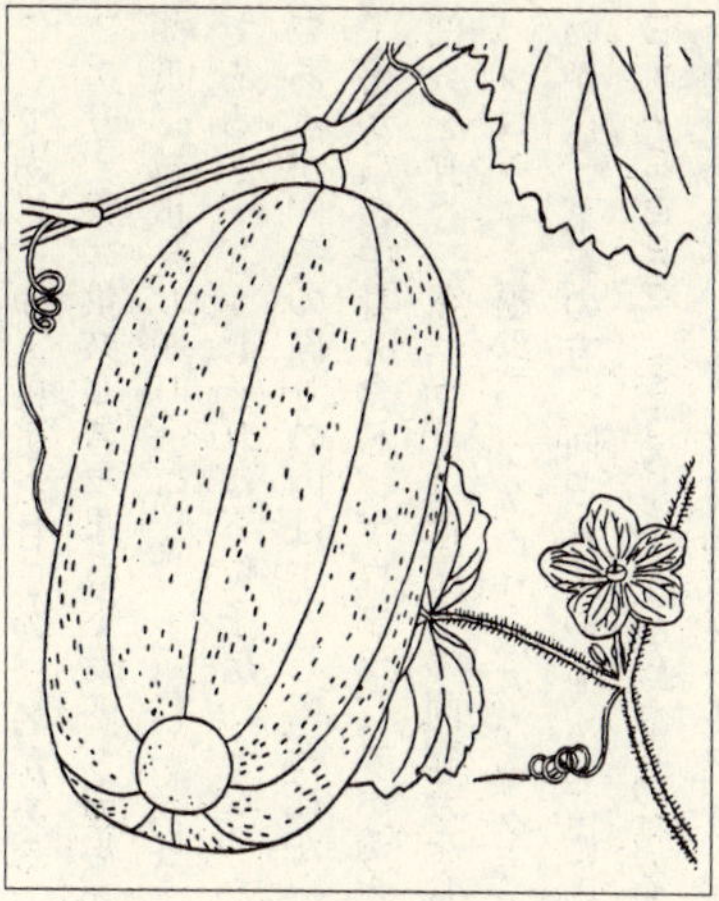

マクワウリ　甜瓜
(Cucumis Melo *L.* var. Makuwa *Makino*)
『日本産物志』美濃部より模写

前に書いた古名のホソチは蔕落《ほぞおち》の意で、このマクワウリは満熟すると蔕を離れ自然に落ちるからいうとのことである。マクワウリ、アマウリ、アジウリなどは無論右ホソチの古名よりは後ちの名称である。

マクワウリの漢名は甜瓜《テンカ》である。すなわちこれはその味が特に他の瓜より甘いからである。甜は甘いことである。ゆえにまた甘瓜の一名がある。『本草綱目』に「瓜ノ類同ジカラズ、其用ニ二アリ、果ニ供スル者ヲ果瓜ト為ス、甜瓜、西瓜是レナリ、菜ニ供スル者ヲ菜瓜ト為ス、胡瓜、越瓜是レナリ」（漢文）と書いてある。瓜は植物学上果実の分類では漿果（Berry）であるが、しかしそれは下位子房からなった漿果で、その中身はもちろん子房からのものであるが、その周りの肉は主として花托からのものである。そしてスイカ、マクワウリは子房からの中身を食し、ボウブラ、カボチャ、シロウリ、ツケウリは主に花托からなった部分を食し、キュウリは通常その両部分を食している。

シロウリ（越瓜）、ツケウリはみなマクワウリの変種である。これらは親に似ず甜くないから、菜果の方へ回されている。ここに面白いことはこのシロウリの学名を初めCucumis Conomon *Thunb.* といった。この種名（種小名）の Conomon すなわちコノモンは香ノ物であるが、これは命名者ツューンベリが奈良漬けを香ノ物と思ってそう書いたものだ。今この学名は Cucumis Melo *L.* var. Conomon *Makino* と改称せられている。そしてこのシロウリは俗に Oriental Pickling Melon と呼ばれる。

ナシウリ（すなわち梨瓜の意）というものがある。これもマクワウリの変種で Cucumis Melo *L.* var. albidus *Makino* の学名を有する。また市場に出ているいわゆるメロンもまた同じく Cucumis Melo *L.* の変種である。その果皮すなわち膚に網の眼のあるものを網メロン、または網ノ眼メロン、または肉豆蔲《ニクズク》メロンと称し、その学名は Cucumis Melo *L.*

var. reticulatus *Naud.* で、俗に Netted Melon あるいは Nutmeg Melon と呼ばれる。俗に単にメロンといえばじつは Cucumis Melon *L.* に属するもろもろの瓜の総称でマクワウリ、シロウリ、ツケウリ、ヒメウリ、タマゴウリ、シナウリ、キンウリなどみなメロンである。「駒の渡りの瓜作り、瓜を人にとられじと、守る夜あまたになりぬれば、瓜を枕につい寝たり」という今様歌がある、瓜を枕に野天の瓜畑で寝た風流はまことに羨ましい。

新称天蓋瓜

昭和二十一年八月十八日友人石井勇義君来訪、一の珍瓜を恵まれた。その瓜は円いものを横に半分に截った形で、まことに座りがよく、つまり瓜の先きの半分がなくその底面が広く浅くなってその縁が低く土堤状を呈して高まっており、底の中央に大きな円形の花跗の痕があって浅く擂鉢状をなしている。瓜の形は長さより横幅が広く、底の縁は低い十鈍耳をなしている。瓜の色は鮮かな黄色で大小不斉な緑色の斑点が疎らに散布せられており、瓜の膚は固くかつ極めて滑沢である。そして瓜の質はかなり実しておって果実は硬く、むしろ粉質様でその味は甘くなく、種子ははなはだ小形である。

この瓜は俗に Yellow Custard Marrow と呼ぶものでもとより食用にはならなく、畢竟お飾り瓜で観て楽しむものである。そしてこれは多分 Cucurbita Pepo *L.* 種中の一変種ではないかと思われる。しかしこの最も模範的のものは、冠の縁の分耳がもっと反りくりかえっている。

この瓜の茎は蔓をなさずに叢生してる。葉は割合に大形で深く分裂しその色は鮮緑である。

センジュガンピの語原

ナデシコ科のセンノウ属に深山生宿根草本なるセンジュガンピと呼ぶものがある。草全体が緑色で柔かく、茎は痩せ長く高さおよそ一尺ないし一尺半〔三〇〜四五センチ〕ばかりもあって直立し、葉は披針形で対生し、梢に疎なる聚繖《しゅうさん》的分枝をなして、欠刻ある五弁の石竹咲白花を着け、花中に十雄蕊と五花柱ある一子房とを具えている。その学名を Lychnis stellarioides *Maxim.* と称する。その草質がハコベ属すなわち Stellaria に類しているので、それで「ハコベ属ノ植物ノ様ナ」という意味の種名〔種小名〕がつけられたのであるがじつはガンピ属である。

私は鈍臭くてこれまでこれをセンジュガンピというそのセンジュの意味が解せられなか

った。ゆえに私の『牧野日本植物図鑑』にも「和名ノせんじゅがんぴハ其意不明ナリ」と書いてある。

昭和二十一年八月十九日に来訪せられた伊藤隼《はやし》君から、いろいろ話の中で右のセンジュガンピの名の由来をきいてたちまち我が蒙の扉が啓らきくれ、あたかも珠を沙中に拾ったように喜んだ、同君の語るところによれば、それが享保十三年（1728）二月出版、鷹橋《たかはし》義武《よしたけ》（日光山御幸町の人で治郎左衛門と称する）の『日光山名跡誌《にっこうさんめいせきし》』に日光物としての条下に千手雁皮《せんじゅがんぴ》が挙げられており［この書私も所蔵しているが私のは明和元年甲申仲秋改版のものである］天保八年（1837）に出版になった植田《うえだ》孟縉《もうしん》の『日光山志《にっこうさんし》』にも出ているとのことであった。私はこれまで折りにふれてはこの『日光山志』を繙くことがあったのだが、ただ拾い読みをするばかりの罰でついにこの草に関する記事を見落してしまっていた。そこで早速に同書を閲覧してみたらその巻之四に「千手原《せんじゅがはら》　是は千手崎《せんじゅがさき》より続き赤沼原《あかぬがはら》［牧野いう、今はアカヌマガハラというのだが、往時はかくアカヌガハラと呼んでいたのか］の南西によれり広さ凡一里半余も有ける由茲は往反する処にあらねば知れるものすくなし千手《せんじゅ》がんぴと称する草花の名産を生ず」と出ている。すなわちセンジュガンピの名は日光千手崎に由来していることを偶然に伊藤君のお蔭で知ることが出来たわけで、私は偏えに同君に感謝している次第である。しかしこの和名をなんという人が初めてつけたか、それがなお私には不明である。

右の千手崎《せんじゆがさき》は延暦三年四月に勝道上人《しようどうじようにん》が湖上〔中禅寺湖の〕で黄金の千光眼《せんこうがん》の影向《ようごう》を拝し玉ひしゆゑ爰に千手大士を創建《そうこん》し玉ひ補陀《ふだ》楽山千手院《らくさんせんじゆいん》と名付玉ふたといふことである。

前述拙著『牧野日本植物図鑑』せんじがんぴの文末「せんじゅハ其意味不明ナリ」を取り消し、今これを「野州日光山ノ中禅寺湖畔ナル千手崎ニ産スルヨリ云ヘリ」と訂正する。

片葉のアシ

世に片葉《カタハ》ノ葦《ヨシ》と呼ばれているアシがあって、この名は昔からなかなか有名なものであり、いろいろの書物にもよく書いてあって、世人はこれを一種特別なアシ（すなわちヨシ）だと思っている。しかしそれは果たして特別な一種のアシであろうか。今私はこれを判決してこのいわゆる片葉の葦は別に何物でもなく、ただ普通のアシそのものであることをここに公言する。そしてそれは単にその葉が一方から吹き来る風のイタズラで一方を指しているにすぎなく、畢竟この風さえなければ片葉ノ葦は出来っこがない。すなわちその葉が風に吹かれるとその風が葉面に当たってその葉を一方に押しやる。そうするとその長い葉鞘が綟《よ》れてこの葉がこんな姿勢をとるのである。風が東から来ればその葉は揃って西を指し、風が北から来れば同じくその葉は一様に南を指す。葉鞘が拗《ねじ》れるので直ぐには原位に復せずそのままになっている。ゆえにアシのあるところはいつでもどこでもこの片葉のアシが出現して何にも珍らしいことではない。単にこれが自然に出来るばかりでなく、いつでも人の手によってもそれをこしらえ得るのはやすやすたることである。

『紀伊国名所図会《きいのくにめいしょずえ》』二之巻海部郡の部（文化八年〔1811〕発行）に「片葉《かたは》の蘆《あし》　和歌津《わかつ》や村の北の入ぐちにあり是また蘆戸《あしべ》の遺跡也すべて川辺のあしは流につれて自然と片葉となるものあり又其性を受て芽いづるより片葉蘆と生ずるものもあらん此地もいにしへは入江あるひは流水のところにて其性をつたへて今に片葉に生ずるか風土の一奇事と云べしつのくに鵜殿《うどの》のあしと同品なり」と書いてある。そしてその片葉となるのは一方へ一方へと流れる水の性を受けて生ずるように考え違いをしている。

『摂津名所図会《せっつめいしょずえ》』巻之四には「片葉蘆《かたはのあし》　按ずるに都《すべ》て難波は川々多し淀川其中の首たり其岸に蘆生繁《おいしげり》て両葉《もろは》に出たるも水の流れ早きにより随ふてみな片葉《かたは》の如く昼夜たへず動く終に其性を継て跡より生出《おい》るもの片葉の蘆多し故に水辺ならざる所にもあり難波《なには》に際《かぎら》ず八幡《やはた》淀伏見《よどふしみ》宇治《うぢ》等にも片葉蘆多し或人云《あるひといはく》難波は常に西風烈しきにより蘆の葉東へ吹靡きて片葉なる物多しといふは辟案なり」と記してあるが、この辟案〔牧野いう、辟は僻と同義〕だといっている方がかえって辟案で、風のために片葉の蘆が出来るというのがかえって正説である。

宝永四年（1707）出版の『伊勢参宮按内記《いせさんぐうあんないき》』巻之下には「浜荻《はまおぎ》（三津村の南の江にあり）片葉の芦《あし》の常の芦にはかはりたる芦なり是を浜荻といへり此辺り田にすかれて今はすこしばかりの浜荻田間にのこれり」とある。

宝永六年（1709）発行の貝原益軒の『大和本草』付録巻之一に「伊勢ノ浜荻《はまおぎ》ハ三津村ノ南ノ後ロニアリ片葉ノ芦《アシ》ニシテ常ノ芦ニカハレリ」と記してある。

『神都名勝誌《しんとめいしょうし》』巻之五には「浜荻《はまをぎ》　天狗石の南壱町許、道の右にあり。土俗、片葉の芦と云ふ。四方に、石畳を築けり」と記しかつ片葉に描いた浜荻の図が出ている。また同書には「往古は此の辺、三津港よりの入江にて、総べて、芦荻の洲なりきといふ。近世、堤防を設けて、潮水を塞ぎ、数町の田圃を開墾せり。而して、浜荻の芦地を存せむとて、僅に、数坪の所に、蘆荻を植ゑたり」とも述べてあるが、この末句の「植ゑたり」とは穏やかでなく、これはよろしく「残せり」とすべきであろう。

『伊勢参宮名所図会《いせさんぐうめいしょずえ》』巻之五には
浜荻《はまをぎ》　三ツ村の左の方に古跡あり里人の云片葉《かたは》にて常にかわりけるを此辺にては浜荻といふとて今は僅ばかり田の中に残れるを云或云是れ大に誤れり此国の人のみ芦をさして浜荻といへるは古き諺にて即国の方言なれば伊勢の浜辺に生《おい》たる芦は残らず浜荻と云べ

し古跡と云はあるべからず此歌に明らかなり

筑波集連歌

物の名も所によりてかわりけり　難波の芦はいせのはま荻　救済法師

又按ずるに芦を荻といふ事至て上古にはいづくにもいひし事也此国にかぎらず詩作など
には蘆《ろ》荻《てき》とつゞけて一物也其余証拠略之

万　葉

神風や伊勢の浜荻折ふせて旅寝やすらん荒き浜辺に　読人不知

と書いてある。

私は先年この三《み》津《つ》の地に行って、今そこの名所田間に少しばかり残してあるいわゆる浜荻を親しく見たことがあったが、この地点は石を畳んで平たくしその周辺およそ一畝歩ばかりの田には浜荻が生活している。ここはこの村の農某の持地であるが、昔からの浜荻のある名所というので持主は特にこの地点へは鍬も入れず稲も作らず、経済的に損をしてまでも遺しているのはまことに殊勝な心がけである。

右地に繁茂しているいわゆる浜荻は、なんら普通のアシすなわちヨシ（Phragmites communis *Trin.* = *Arundo Phragmites* L.）と異なった種類のものではない。その浜荻の生えている場所は今は水田の一部となっているが、昔は無論この辺一帯が広い蘆原であったことが想像に難くない。

浜荻はアシすなわち蘆のふるい別名で、今日ではこの名は既にすたれて、ただ書物の中に残っているだけとなった。

アシはアシが本名であるが、これを悪しに擬し、ヨシを善しに通わせ縁起を担いでそういったもんだ。そしてこのアシの繁茂している原をばアシハラとはいわずに普通ヨシハラと呼んでいる。かの東京で遊廓のあった地を吉原と呼んでいたが、そこはもとヨシの生えていた田圃であった。

アシに対する中国の名にはまず三つある。すなわちアシの初生のもの、すなわち食うべき蘆筍の場合のものを葭といい、なお十分に秀でず嫩い時を蘆といい、十分に成長したものを葦といい、葦はすなわち偉大を意味するといわれる。

高野の万年草

『紀伊国名所図会』三編巻之六（天保九年［1838］発行）高野山の部に

万年草《まんねんそう》　御廟の辺《ほとり》に生ず苔《こけ》の類《たぐい》にして根蔓をなし長く地上に延《ひ》く処々に茎立て高さ一寸

許《ばかり》細葉多く簇生《むらがりしょう》ず採り来り貯へおき年を経といへども一度水に浸せば忽蒼然《たちまちそうぜん》として蘇《そ》す此草漢名を千年松といふ物理小識［牧野いう、此小識はショウシと訓む］に見えたり俗に旅行の人の安否を占《うらな》ふに此艸を盌水に投じ葉開けば其人無事也凋《しぼ》めば人亡《な》しといふとぞ又日光山の万年艸は一名万年杉また苔杉などいひ漢名玉柏一名玉遂また千年柏といひて形状《かたち》と異なり混ずべからず

と書いてある。

貝原益軒の『大和本草』巻之九（宝永六年［1709］発行）には

万年松　一名ハ玉柏本草苔類及衡嶽志ニノセタリ国俗マンネングサト云鞍馬高野山所々ニアリトリテ後数年カレズ故ニ名ヅク

とある。

小野蘭山《おのらんざん》の『大和本草批正《やまとほんぞうひせい》』（未刊本）には

万年松（玉柏ノ一名ナリ）　玉柏ハ日光ノ万年グサ一名ビロウドスギト云石松ノ草立ナリ此ニ説ク形状ハ高野ノ万年グサ物理小識ノ千年松ナリ諸山幽谷ニ生ズ高野へ至モノ必ラ

ズ採《トリ》帰ル山下ニテモ此草ヲウル其状苔ノ如シ高一寸許葉スギゴケノ如シ数年過タルモ水中ニヒタセバ新ナル如シ

と述べてある。

寺島良安の『倭漢三才図会』巻之九十七（正徳五年〔1715〕）には

まんねんぐさ　玉柏　五遂　千年柏　万年松　俗云万年草《クサ》　按ズルニ衡嶽志ニ謂ユル万年松ノ説亦粗ボ右ト同ジ紀州吉野高野ノ深谷石上多ク之レアリ長サ二寸許枝無クシテ梢ニ葉アリテ松ノ苗ニ似タリ好事《コウズ》ノ者之レヲ採テ鏡ノ奩《ス》〔牧野いう、奩ハ字音レン、鏡匣《カガミバコ》である〕ニ蔵メテ云ク霊草ナリ行人ノ消息《アリサマ》ヲ知ラント欲セバ之レヲ盌水〔牧野いう、盌は字音ワン、鉢、椀、皿である〕ニ投ジテ之レヲトフ葉開ケバ即チ其人存シ凋《シボメ》バ即チ人亡キ也ト此言大ニ笑フベシ性水ヲ澆ゲバ能ク活スルコトヲ知ラザレバナリ

と書いてある。

次に享保十九年（1734）刊行の菊岡沾涼《きくおかせんりょう》の『本朝世事《ほんちょうせじ》談綺《だんき》』巻之二には

万年草《まんねんそう》、高野山大師の御廟にあり一とせに一度日あってこれを採と云此枯たる草を水に

浮めて他国の人の安否を見るに存命なるは草。水中に活《いき》て生《おい》たるがごとし亡したるは枯葉そのまゝ也

とある。

次に小野蘭山の『本草綱目啓蒙』巻之十七（享和三年［1803］出版）には、玉柏（マンネングサ、日光ノマンネングサ、マンネンスギ、ビロウドスギ）の条下に

又別ニ一種高野ノマンネングサト呼者アリ苔ノ類ナリ根ハ蔓ニシテ長ク地上ニ延ク処処ニ茎立テ地衣《ヂゴケ》ノ如キ細葉簇生ス深緑色ナリ採リ貯ヘ久シクシテ乾キタル者水ニ浸セバ便チ緑ニ反リ生ノ如シ是物理小識ノ千年松ナリ

と述べている。

また『紀伊続風土記《きいぞくふどき》』「高野山之部」に万年草が出ていて次の通り書いてある。

万年草

古老伝に此草は当山の霊草にて遼遠に在て厥死活弁じがたきをば此草を水盆に浮るに生者なれば青翠の色を含み若没者なれば萎めるまゝなりとぞ今現に検するに御廟の辺及三

山の際に蔓生す毎年夏中是を摘みて諸州有信の族に施与の料とせり其長四五寸に過ぎず色青苔の如し按ずるに後成恩寺関白兼良《かねら》公の尺素《せきそ》往来《おうらい》に雑草木を載て石菖蒲、獅子鬚、一夏草、万年草、金徽草、吉祥草といへり爾者此草当山のみ生茂するにもあらず和漢三才図会に本草綱目云玉柏生石上如松高五六寸紫花人皆置盆中養数年不死呼為千年柏万年松即石松之小者也（中略）五雑組《ござつそ》云楚中有万年松長二寸許葉似側栢蔵篋笥中或夾冊子内経蔵不枯取置沙土中以水澆之俄頃復活或人云是老苔変成者然苔無茎根衡嶽志所謂万年松之説亦粗与右同紀州高野深谷石上多有之長二寸許無枝而梢有葉似松苗〔牧野いう、此辺『倭漢三才図会』の書抜きだ〕といひ和語本草にも玉柏石松を載たれども其味のみを弁じて貌姿を論せず良安《りようあん》本草綱目の万年松を万年草として当山万年草に霊異あることを草性を知らずといへるは嗚呼の論のみ〔牧野いう、『紀伊続風土記』の著者の此言かえって嗚呼の論のみだ且万年草を霊草と云う笑うべきの至りである〕彼万年松は紫花あり此万年草花なし爾者雑組衡嶽志にいふ万年松は別の草ならん尺素往来にいふ万年草は当山の霊草ならん又当山にても当時蔓延滋茂せるは彼万年松の類にて右老伝の霊草は御廟瑞籬の内に希に数茎を得といふ説もあれば尚其由を尋ぬべし

また同書物産の部は小原良直《おばらよしなお》（八三郎）の書いたものだがその中に左の記がある。

千年松《センネンサウ》（物理小識○高野山にて万年草といふ他州にては玉柏を万年草といふ故に此草を高野の万年草といひて分てり）
高野山大師の廟の辺及三山の際に蔓生す乾けるものを水中に投ずれば忽蒼翠に復す故に俗間収め貯へて旅行の安否を占ふ

この高野のマンネンソウは蘚類の一種で Climacium japonicum *Lindb.* の学名を有するもので、国内諸州の深山樹下の地に群生している。そして高いものは三寸〔九センチ〕ほどもある。

岩崎灌園の『本草図譜』巻之三十五に二つのコウヤノマンネングサの図が出ているが、その上図のものはハゴノコウヤノマンネングサ（一名フジマンネングサ、コウヤノマンネングサモドキ、ホウライソウ）すなわち Climacium ruthenicum *Lindb.*（= *Pleuroziopsis ruthenica* Lindb.）で、その下図のものが本当のコウヤノマンネングサすなわち Climacium japonicum *Lindb.* である。大沼宏平君が同書の学名考定でこのコウヤノマンネングサの図をミズスギすなわち Lycopodium cernuum *L.* と鑑定しているのはまさしく誤鑑定で、その図の枝の先端が黄色に彩色してあるのは、これは疑いもなく枝先きが枯れたところを現わしたもので、それはけっしてその胞子穂ではないのである。

ズット以前のことであるが、すこぶる頭の働いた人があって、このコウヤノマンネングサを集め、その乾いたものを生きたときのように水で復形させ、これを青緑色の染粉で色を着け、これを一束ねずつ小さい盆栽とし、それを担って諸国を売り歩き大いに金を儲けたことがあった。そのときその行商人の口上はなんといったか今は忘れた。

近代の学者は時とすると、この草をコウヤノマンネンゴケとしてあるが、じつはこれはコウヤノマンネングサが本当である。またコウヤノマンネンソウとしたものもある。

コンブとワカメ

日本では中国の昆布《コンブ》の漢名をもととして、今から一千余年も前の昔にはこれをヒロメあるいはエビスメ（深江輔仁の『本草和名』）と呼び、現代ではその昆布を音読してコンブといってそれが通称となっている。そしてこのコンブは海藻 Laminaria 属〔ママ〕中の種類を総称していることになっている。じついうとこの中国人の書物に書いてある昆布は、けっしていま日本人が通称しているコンブ（コブとも略称せられる。村田懋麿《しげまろ》氏の『鮮満植物字彙』にもこの誤りを敢てしている）そのものでは断じてない。では昆布の本物は何だというと、それはじつはワカメ（Undaria pinnatifida *Suring.*）の名である。ゆえに和名のワカメをこの漢名の昆布とすれば正しいこととなる。そして我国の学者は東垣《とうえん》〔李杲《りこう》〕の『食物本草《しょくもつほんぞう》』

にある裙帯菜《クンタイサイ》をワカメだとし前の村田氏の『鮮満植物字彙』にもそうしているが、これは間違いでこの裙帯菜はけっしてワカメそのものではなく、無論何か別の緑色海藻すなわち緑藻類である。右の東垣の『食物本草』にある裙帯菜の記文は「裙帯菜ハ東海ニ生ズ、形チ帯ノ如シ、長サハ数寸、其色ハ青シ、醬醋ニテ烹調フ、亦葅ト作スニ堪ユ」である、すなわち長さが数寸あって帯のようで青色を呈し食えるとのことだから、あるいはアオサの一種かもしれない。

いま通称しているLaminariaのコンブ(non 昆布)の本当の漢名、すなわち本名は海帯であって、今日中国ではこれを東洋海帯《トンヤンハイタイ》ともまた単に海帯《ハイタイ》とも称えられている。この海帯こそ吾らが通称しているコンブすなわちコブの正しい漢名である。そして従来日本の学者はこの海帯をアラメ(*Eisenia bicyclis* *Setchell*)としているのは間違いで、上の村田氏の書にもそれを誤っている。朝鮮ではワカメのことを昆布と書くそうだが、これは正しくてけっしてその名実を取り違えているのではない。中国の梁の学者陶弘景《とうこうけい》が昆布についていうには「今惟《タダ》高麗ニ出ヅ、縄ニテ之レヲ把索シ巻麻ノ如ク黄黒色ヲ作ス、柔韌ニシテ食フベシ」とある。唐の陳蔵器《ちんぞうき》という学者は「昆布ハ南海ニ生ズ、葉ハ手ノ如ク、大サハ薄キ葦ニ似テ紫赤色ナリ」といっている。東垣の『食物本草』には「人取テ酢ニテ拌シ之レヲ食ヒ以テ葅ト作ス」と書いてある。

今一般にいっているコンブは既に前にも書いたように、昔はこれをヒロメともエビスメとも名づけていた。もし今日誤称せられているコンブの名を一般人が間違いであると気づいて、その呼び名を改訂し正しきにかえさねばならんという気運が万一にも向い来たことがあったとすれば、これを右ようにヒロメ（幅広い海藻の意）と呼べば古名復活にもなって旁《かた》がたよろしい。が、かくも深くかくも強く浸潤せる腐り縁のコンブの名は容易に改め得べくもない。

今海藻学を専門としている学者でさえも、昆布をコンブと呼んでいるこの間違いを清算することが出来ず、その著わされた海藻の書物には、みな一つとしてこの誤謬を犯していないものはない。どうも病が膏肓《こうこう》に入っては大医も匙を擲たざるをえないとはまことに情けない次第だ。

声を大にし四方を睥睨《へいげい》して呼ぶ。海帯がコンブであるゾヨ！　昆布がワカメであるゾヨ！　海帯はアラメでないゾヨ！　裙帯菜はワカメでないゾヨ！

『草木図説』のサワアザミとマアザミ

飯沼慾斎の著『草木図説』巻之十五（文久元年［1861］辛酉発行、第三帙中の一冊）にその図説が載っているサワアザミの図と、その直ぐ次に出ているマアザミの図とは、それが

正名マアザミ

『草木図説』に間違えてサワアザミの図となっている

正名サワアザミ

『草木図説』に間違えてマアザミの図となっている

確かに前後入り違っていることはこれまで誰も気のついた人は全くなかった。これはサワアザミの説文に対して在る図を移してマアザミの説文へ対せしめておけばよろしく、またマアザミの説文に対して在る図を移してサワアザミの説文へ対せしめておけばそれでよろしい。そうすればここに初めてサワアザミの説文がサワアザミの図に対して正しくなり、またマアザミの説文がマアザミの図に対して正しくなって、そこで両方とも間違いを取り戻して正鵠を得たことになる。そしてこの図の入り違いは多分偶然に著者がその前後を誤ったものであろう。今かく正してみると、従来植物界で用い来ているサワアザミとマアザミとの和名の置き換えを行なわねばならない結果となる。すなわち Cirsium Sieboldi *Miq.* はマアザミではなくてサワアザミ一名キセルアザミとせねばならなく、また C. yezoense *Makino* はサワアザミではなくてマアザミと改めねばならぬのである。

近江の国伊吹山下の里人が常に採って食用にしているといわれる右のマアザミの実物を知りかつその形状を見たく、よって当時京都大学に在学中の遠藤善之君を煩わし、実地についてそのマアザミを捜索してもらった。同君は親切にも私のためにわざわざ京都から二回も伊吹山方面へ出掛けて探査し、時にそれが伊吹山で見つからないので更に進んで美濃方面に行きついに伊吹山裏の方の山地においてこれを見出し、地元の人にそのマアザミの方言をも確かめ、そしてそこで採集した材料を遠く東京へ携帯して私に恵まれた。私は嬉しくもその渇望していた生本現物を手にしこれを精査するを得、初めてそのマアザミの形態を詳悉することが出来、大いに満足してこのうえもなく悦び、もってひとえに遠藤君の厚意を深謝している次第である。

マアザミとは真《マ》アザミの意であろう。この種は往々家圃に栽えて食料にするとあるから、このマアザミはあるいは菜《ナ》アザミというのが本当ではなかろうかと初めは想像していたが、しかしそれはそうではなくてやはりマアザミがその名であった。このマアザミの葉は広くて軟らかいからその嫩葉は食用によいのであろう。これに反してサワアザミの方は葉が狭く分裂して刺が多くかつその質が硬いから食用には不向きである。ゆえに『草木図説』にもなんら食用のことには触れていない。そしてこのサワアザミは山麓原野の水傍あるいは沢の水流中などによく生えているが、山間渓流の側などにはあまり見ない。

小野蘭山の『本草綱目啓蒙』巻之十一「大薊小薊」の条下に「鶏項草ハ別物ニシテ大小薊ノ外ナリ水側ニ生ズ陸地ニ生ズ和名サワアザミ葉ハ小薊葉ニ似テ岐叉多ク刺モ多シ苗高サ一二尺八九月ニ至テ茎頂ニ淡紫花ヲ開ク一茎一両花其花大ニシテ皆旁ニ向テ鶏首ノ形チニ似タル故ニ鶏項草ト名ク他薊ノ天ニ朝シテ開クニ異ナリ」と述べてサワアザミが明らかに書かれている。

サワアザミに右のようにかつて我が本草学者があてている鶏項草《ケイコウソウ》は宋の蘇頌《そしょう》の著わした『図経本草《ずきょうほんぞう》』から出た薊の一名であるが、これは単にその文字の意味からサワアザミにあてたもので、もとよりあたっていない別種の品であることは想像するに難くない。そして『本草綱目』で李時珍がいうには「鶏項、其茎ガ鶏ノ項ニ似ルニ因ルナリ」(漢文)とある。すなわち項はいわゆるウナジで後頭のことである。しかるに我国の学者は往々これを誤って鶏頂《チヨウ》草と書いているのは非である。

文化四年(1807)出版の丹波《たんば》頼理《よりよし》著『本草薬名備考和訓鈔《ほんぞうやくみょうびこうわくんしょう》』にはサワアザミが正しく鶏項草となっているが、文化六年(1809)発行の水谷豊文著『物品識名』には鶏頂草となっている。

ムクゲとアサガオ

ムクゲすなわち木槿をアサガオと呼びはじめたのはそもそもいつ頃であって、そしてなぜまたそういったのであろうか。しかしこの名は正しいとはいえないのみならず、それは確かに間違っているのである。

一体ムクゲの花は早朝に開き一日咲き通し、やがて晩に凋んで落ちる一日花で、朝から晩まで開き通しである。この点からみても朝顔の名は不穏当なものであるといえる。槿花一朝の栄とはいうけれど、この花は朝ばかりの栄ではなくて終日の栄である。すなわち槿花一日の栄だといわなければその花の実際とは合致しない。かくムクゲの花は前記の通り一日咲き通しで一日顔だから、これを朝顔というのはすこぶる当を得ていない。

人によっては『万葉集』〔巻十〕にある「朝顔は朝露負ひて咲くといへど、暮陰《ゆふかげ》にこそ咲益《さきまさ》りけり」の歌によって、秋の七種の歌の朝顔をムクゲだと考えたので、それでムクゲに初めてアサガオの名を負わせたのだ。それ以前からムクゲにアサガオの名があった訳ではない。つまり一つの誤認からアサガオの名が現われたのはちょうど蜃気楼のようなもんだ。

私はここに断案を下してムクゲをアサガオというのは大間違いであると裁決する。不服なれば異議を申し立てよだ。不満があれば控訴でもせよだ。もしも私が敗北したら罰金を出すくらいの雅量はある。もしも金が足りなきゃ七ツ屋へ行き七、八おいて拵える。

このムクゲは落葉灌木で元来日本の固有産ではないが、今はあまねく人家に花木として栽えられ、また生籬《いけがき》に利用せられ挿木が容易であるからまことに調法である。紀州の熊野川に沿った両岸には長い間、まるで野生になったムクゲがかの名物のプロペラ船で遡り行くとき下り行くとき見られる。人家にあるムクゲの常品は紅紫花一重咲のものだが、なおほかに純白花品、白花紅心品、紅紫八重咲品、白八重咲品等種々な変わり品があるが、こんな異品をひとところに蒐めて作りその花を賞翫しつつ槿花亭の風雅な主人となった人をまだ見たことがない。

ムクゲは木槿の音転である。なおこれにはモクゲ、モッキ、ハチス、キハチス、キバチ、ボンテンカなどの方言がある。

蕣の字音はシュンである。世間往々よくこの字をかの花を賞するPharbitis Nil *Choisy*のアサガオだとして用いる人があるが、それはもとより間違いで、この蕣は木槿すなわちムクゲの一名であり、かの『詩経《しきよう》』には「顔如蕣華」とある。面白いのはムクゲの一名として朝開暮落花の漢名のあることである。今これを和名に訳せばアサザキクレオチバナである。また藩籬《ハンリ》草《ソウ》の一名もあるが、これはムクゲがよく生籬になっているからである。

万葉の歌にハネズ（唐棣花）という植物が詠みこまれてある。すなわち『万葉集』巻四の「念はじと曰ひてしものを唐棣花《はねず》色《いろ》の、変《うつろ》ひやすきわが心かも」、同巻八の「夏まけて咲きたる唐棣花《はねず》久方《ひさかた》の、雨うち降らば移《うつ》ろひなむか」、同巻十一の「山吹《やまぶき》のにほへる妹が唐棣花《はねず》色《いろ》の、赤裳《あかも》のすがた夢《いめ》に見えつつ」、同巻十二の「唐棣花《はねず》色《いろ》の移ろひ易き情《こころ》あれば、年をぞ来経《きふ》る言《こと》は絶えずて」などがこれであって、このハネズをニワザクラ（イバラ科）だという歌人もあれば、またそれはニワウメ（イバラ科）だと称える歌人もある。またそれはモクレン（モクレン科）だと異説を唱える歌人もいるが、今はまずニワウメ説が通っているようである。しかしこれをそうして取り極めねばならんなんらの確証は無論そこに何もなく、ただ空想でそういっているに過ぎない。そしてハネズなる名称はとっくに既にこの世から逸し去って今日に存していないのである。ところが或る昔の学者の一人は、それは木槿のムクゲすなわちハチス（アオイ科）だと唱えている。すなわちそれは正しいか否か分らんが、これはハネズの語をムクゲのハチスの語とが似ているので、そんな説を立てているのであろう。またハナズオウ（紫荊）だと主張する人もある。私は今このハネズの実物についてはなんら考えあたるところもないので、まずまずここにその当否を論ずることは見合わせておくよりほか途がない。しかしそのうちさらに考えてなんとかこの問題を解決してみたいとも思っている。

　ムクゲの葉は粘汁質である。私の子供の時分によくこれを小桶の中の水に揉んでその粘汁を水に出し、油屋の真似をして遊んだもんだ。

款冬とフキ

昔から我国の学者は山野に多い食用品のフキを千余年の前から永い間中国の款冬だと思い違いしていた。ゆえに種々の書物にもフキを款冬と書いてある。ところが明治になって初めて款冬はフキではないことが分ったが、それでもまだなお今日フキを款冬であるとしている人を見受けることがまれではない。殊に俳人などは旧株を墨守して移ることを知らない迂遠を演じて平気でいるのは世の中の進歩を悟らぬものだ。

フキは僧昌住の『新撰字鏡』にはヤマフ、キとあり、深江輔仁の『本草和名』にはヤマフ、キ一名オホバとあり、また源順の『倭名類聚鈔』にはヤマフ、キ、ヤマブキとある。これでみればフキは最初はヤマフ、キといっていたことが分る。すなわちこのヤマフ、キが後にヤマブキとなり、ついに単にフキというようになり今日に及んでいる。そしてフキとはどういう意味なのか分らないようだ。

フキはキク科に属していて Petasites japonicus *Miq.* なる学名を有し、我が日本の特産で中国にはないから、したがって中国の名はない。款冬は同じくキク科で Tussilago

Farfara *L.* の学名を有し、これは中国には見られれども絶えて我国には産しない。そして一度もその生本が日本に来たことがない。これは盆栽として最も好適なもので、春早くから数葶《てい》〔葉をつけない、根生の花梗〕を立て各葶端にタンポポ様の黄花が日を受けて咲くので、私はこの和名をフキタンポポとしてみた。

この款冬は宿根生で、早くその株から出た花がおわると次いで葉が出る。葉は葉柄を具《そな》え角ばった歯縁ある円い形を呈し、葉裏には白毛を布いている。本品はかつて薬用植物の一つに算えられ、欧州には普通に産する。そして西洋では多くの俗名を有すること次の如くである。すなわち Colts-foot（仔馬ノ足）Cough wort（咳止メ草）Horse-foot（馬ノ足）Horse hoof（馬ノ蹄）Dove-dock（鳩ノぎしぎし）Sow-foot（牝豚ノ足）Colt-herb（仔馬草）Hoof Cleats（蹄ノ楔）Ass's foot（驢馬ノ足）Bull's foot（牡牛ノ足）Foal-foot（仔馬ノ足）Ginger（生姜グサ）Clay-weed（埴草《ハニクサ》）Butter bur（バタ牛蒡）Dummy-weed（贋物草）である。

款冬は早春に雪がまだ残っているうちに早くもその氷雪を凌いで花が出る。「款ハ至ルナリ、冬ニ至テ花サクユエ款冬ト云ウ」と中国の学者はいっている。款冬にはなお款凍、顆冬、鑽冬などの別名がある。

日本のフキを蕗と書くのもまた間違っている。フキには漢名はないから仮名でフキと書くよりほか途はない。フキでよろしい。これがすなわち日本の名なのである。

薯蕷とヤマノイモ

昔から薯蕷《ショヨ》をヤマノイモ（Dioscorea japonica *Thunb.*）にあてて用いているのは大変な間違いであるにもかかわらず、世人はこれを悟らずに今日でもヤマノイモに薯蕷の字を使っているのはもってのほかの曲事《くせごと》である。また山薬をヤマノイモとしているのも同様全くの間違いである。元来山薬とは薯蕷の一名であるから薯蕷がヤマノイモでない限り、山薬もまたヤマノイモたり得ない理屈だ。そしてこの山薬が薯蕷の代名となったのには一つのイキサツがあるのだが、その訳は別項「ナガイモとヤマノイモ」の条下に記してある。

我邦従来の習慣を破って薯蕷がヤマノイモではないことを絶叫したのは私であって、以前その委曲を発表したのは昭和二年で、その年の十二月に発行せられた『植物研究雑誌』第四巻第六号の誌上においてであった。題は「やまのいもハ薯蕷デモ山薬デモナイ」であって詳しく、その事由《じゆう》を図入りで説明しておいた（『牧野植物学全集』第六巻に転載）。ではその薯蕷とはなにものか、それはナガイモ（Dioscorea Batatas *Decne.*）だ。

このナガイモにはその根に種々な変わり品があって圃につくられている。ヤマトイモ、キネイモ、イチョウイモ、テコイモ、ツクネイモ、トロイモなどがそれである。そしてこのナガイモは中国の産ではあるが、また、我国の産でもあって、我国での野生品は往々河畔の地などにこれが見られる。面白いことは、圃につくられているものはみな雌本で雄本は絶えてないことである。これから推してみると、この作物になっているナガイモはもとあるいは中国からその雌本が移入せられたのかも知れない。しかしこの種の本邦野生のものには雌本もあれば雄本もある。

トロロにするにはヤマノイモ（一名ジネンジョウ）の方がまさっている。ナガイモの方には粘力が比較的少なくて劣っている。そしてこのように生のまま食う根は他にはない。クログワイ、オオクログワイは生でも食えるけれど、これはじつは塊茎で真の根ではない。サツマイモは真の根だけれど、それは子供等がいたずらにかじっているくらいで、一般には誰も生ま薯を賞味することはない。

ヤマノイモが鰻になるとはもちろんじつはウソの皮だが、鰻もヤマノイモも共に精力を増す滋養満点の物だから、その両方の一致した滋養能力から考えて、このように名言を作っていったのではなかろうか。書物によると、ヤマノイモの根が山岸のところで露われ出て、水の流れへ浸り込むと、それがたちまち化して鰻になるとまことしやかに書かれている。

ヤマノイモもナガイモも共に蔓上葉腋にいわゆるムカゴ一名ヌカゴすなわち零余子ができる。今これを採り集めて植えると幾らでも新仔苗がはえて繁殖する。またムカゴは無論食用にもなる。

前記のようにナガイモには薯蕷の漢名があるが、ヤマノイモにはそれがない。Yamという字がある。ロブスチード氏の『英華字典』には大薯と訳してあるが、これは薯と訳すれば宜しく大の字はいらない。このヤムはDioscorea（薯蕷ノ属）属《（ママ）》中の数種の薯を指した名である。Chinese Yam はナガイモの名であるから、ヤマノイモは Japanese Yam といっても不可ではなかろう。そうするとツクネイモも Tsukune Yam でよいだろう。

ヤマノイモの長い擂木《すりこぎ》様の直根が地中深く直下して伸び、それが地獄へ突き抜けたとしたら

天井うらヌット突き出たヤマノイモ
　閻魔の地獄大さわぎなり

これは娑婆でヤマノイモてふ滋養物
　聞いて閻魔もニコツキにけり

ニギリタケ

ニギリタケは *Lepiota procera Quel.* なる今日の学名、すなわち *Agaricus procerus Scop.*（種名〔種小名〕の procera は丈け高き義）の旧学名を有し、俗に Parasol Mushroom と呼び、広く欧州にも北米にも産する食用菌の一種である。そしてニギリタケとは握り蕈の意であるが、握るにしてはその茎すなわち蕈柄が小さくてあまり握り栄えがしない。それで私はこの菌を武州飯能《はんのう》の山地で採ったとき「ニギリタケ握り甲斐なき細さかな」と吟じてみた。ところが天保六年（1835）に出版になった紀州の坂本浩雪《さかもとこうせつ》（浩然《こうねん》）の『菌譜《きんぷ》』には、毒菌類の中にニギリタケを列して「形状一ナラズ好ンデ陰湿ノ地ニ生ズ其ノ色淡紅茎白色ナリ若《モ》シ人コレヲ手ニテ握トキハ則チ痩セ縮ム放ツトキハ忽《タチマ》チ勃起ス老スルトキハ蓋甚ダ長大ナリ」と書き、握リタケとして握り太なヅッシリしたキノコが描いてあるが、これは握リタケの名に因んでいい加減に工夫し、握るというもんだから的物が太くならなければならんと、そんな想像の図をつくったわけだ。ところが本当のニギリタケが判ってみると、その茎は案外に痩せ細いものである。さすがの川村清一博士のような菌学専門家でも、このニギリタケは久しく分らなかったが、私が大正十四年（1925）八月に飛驒の国

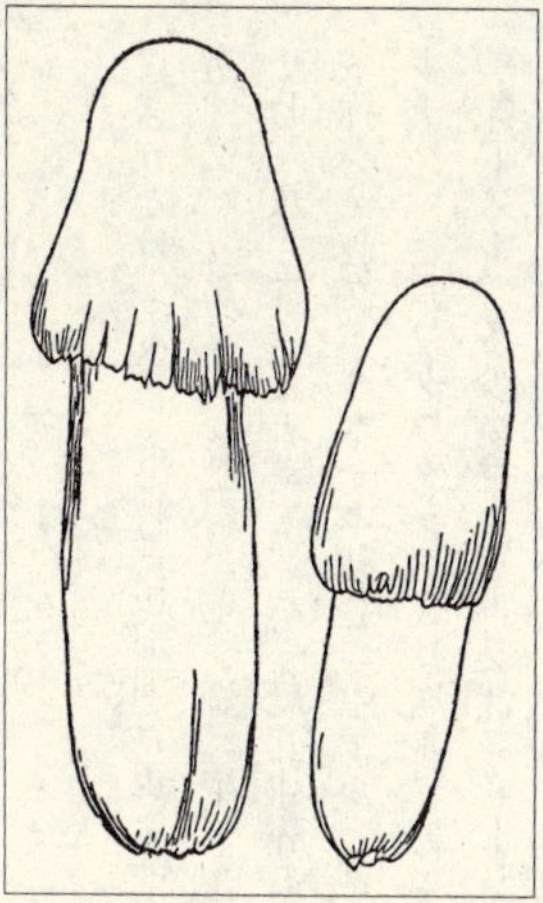

坂本浩然『菌譜』のニギリタケの図

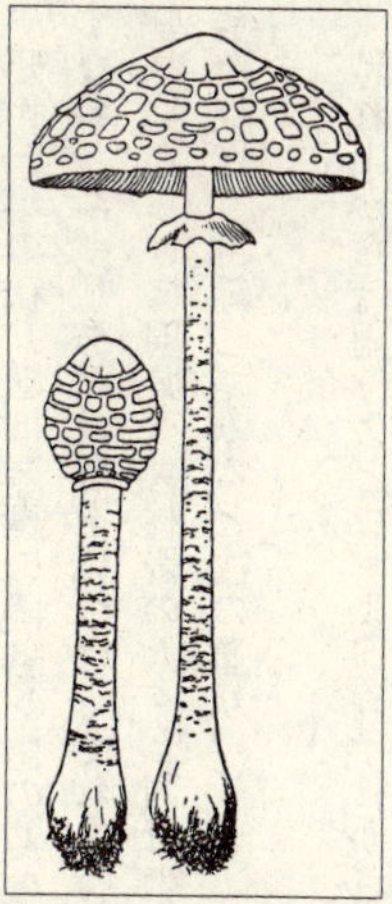

ニギリタケ一名カラカサダケ
(Lepiota procera *Quel.*)

の高山町できいたその土地のニギリタケのことを話して同博士も初めて合点がいったのである。そこで博士はこのニギリタケのことを大正十五年(1926)六月発行の『植物研究雑誌』第三巻第六号に書いた。それでこれまであやふやしていたニギリタケが初めてハッキリした。そしてこの菌は蓋が張り拡がるとあたかも傘のような形をしているところから、一つにカラカサダケとも呼ばれるとのことだ。坂本浩然の『菌譜』にカラカサモタシ、カサダケ、傘蕈としてある図のものは蓋しカラカサダケであろうと思う。「毒アリ食ス可カラズ」と書いてあるのは事実を誤っているのであろう。

上の大正十四年八月当時、私が高山町西校校長野村宗男君に聞いたところは次の通りであった。

にぎりたけ（方言）飛驒吉城郡国分《こくぶ》辺（高山町ヨリ二三里程）ノ山地芝草ヲ刈リ積ミタル辺、又ハ麦藁ヲ入レ肥料ニセシ畑ニ生ズル、秋時栗ノ実ノ爆ゼル頃最モ盛ンニ出ル、高サ七、八寸ヨリ大ナルモノハ一尺五寸許モアル、出ヅル頃土人にぎりたけヲ採リニ行クト称シテ赴ク、一本一本独立ニ生エル、茎ノ太サ両指ニテ握ル程ニテ、全体白色、水気少ナク、茎頭ワタワタシク成リ居ル、縦ニ裂イテ焼キ醬油ノ付ケ焼キニシテ食フヲ最モ美味トスル、多少ノ香アリ、又汁ノ身トシ又煮付ケトスル

昭和三年の秋、私は陸奥の国恐レ山の麓の林中で大きく傘（蓋）を展げたカラカサダケすなわちニギリタケ数個を見つけ、それを持って踊る姿をカメラに収めた。それは青森県営林局ならびに同県下営林署の人々と同行のときであった。今ここにそのときのことを歌った拙作を再録してみると次の通り。

恐れ山から時雨《しぐ》りよとまゝよ、両手にかざす菌傘《きのこがさ》、用心すれば雨は来で、光りさし込む森の中、やるせないまゝ傘ふつて、踊つて見せる松のかげ、その腰つきのおかしさに、

森よりもる、笑い声、道行く人は何事と、のぞいて見れば此の姿。

パンヤ

我国従来の学者はインドのパンヤ（Panja）を木棉樹すなわち斑枝花（Bombax Ceiba *Burm.* = *Bombax malabaricum* DC.）だと思い、書物にもそう書いてあるのだが、しかしこのインドのパンヤはそれではなく、これはその近縁樹のインドワタノキ（インド棉ノ木）一名カボッ《〔ママ〕》ク樹（Eriodendron anfractuosum *DC.* = *Bombax pentandrum* L.）のことである。従来我国の学者はインドのこの樹をよく知らず、ただ相類し、棉の出る実も相似ているから、多少斑枝花の知識もあったので、これを間違えたものである。つまり一つを識って二つを識らなかった罪に坐した訳だ。次にさらにこれを判然させてみよう。

○パンヤ

Eriodendron anfractuosum *DC.*

（= *Ceiba casearia* Medic.）

（= *Bombax pentandrum* L.）

(＝*Ceiba pentandra* Gaert.)
(＝*Xylon pentandrum* O. Kuntze)
(＝*Bombax orientale* Spreng.)
(＝*Eriodendron orientale* Steud.)
(＝*Eriodendron occidentale* Don.)
(＝*Bombax guineense* Schm. et Thoun.)
Panja; Pania; Panial; Panjabaum.
Kapok; Kapok-tree; Kapokbaum; Ceiba; Pochote.
カボ《〔ママ〕》ック樹、インド棉ノ木、白木《シロキ》棉《ワタ》
(分布) インド、セイロン、南米、西インド、熱帯アフリカ?

○非パンヤ

Bombax malabaricum *DC.*
(＝*Salmaria malabarica* Schott.)
(＝*Bombax ceiba* Burm.)
(＝*Bombax heptaphylla* Cav.)
(＝*Gossampinus rubra* Ham.)

Cotton tree; Silk cotton tree; Red Silk cotton tree.

木棉、木棉樹、棉、斑枝樹、攀枝花、攀支、斑枝花、海桐皮、吉貝、キワタ、ワタノキ

（分布）インド一般、熱帯東ヒマラヤ、セイロン、ビルマ、ジャワ、スマトラ、琉球（植）

右にてインドのパンヤがどの樹にあたっているかが明かによく分るであろう。したがって従来我が学者の誤認もまた一目瞭然であろう。

黄櫨、櫨、ハゼノキ

黄櫨《コウロ》はハゼノキ科の *Cotinus Coggygria Scop.*（= *Rhus Cotinus L.*）に対する漢名すなわち中国名で、これは南欧州から中国にわたって生じ、またインドのヒマラヤ山にも産するが、日本には全くない。落葉灌木でその枝上に互生せる葉は広楕円形あるいは倒卵形で葉柄を有し、全く単葉でハゼノキ属諸品のように羽状葉ではない。枝端に出る花穂は無数に分枝してそれにボツボツと小さい花が着き、その繊細な枝には羽毛があって柔らかくフワ

フワしており、遠くからそれを望めばあたかも煙のようにみえるので、俗にこれをSmoke-treeすなわち煙ノ木と呼ばれている。私はかつてこれをマルバハゼと名づけたことがあったが、これを植えている兵庫県長尾村の植木屋では霞ノ木と呼んでいた。

中国ではこの樹を黄櫨と呼び、北部中国の地には普通に見られる普通の灌木らしい。この黄櫨の黄はその樹の心材が黄色だからである。したがってこれが黄色を染める染料に用いられる。李時珍の『本草綱目』には「木ハ黄ニシテ黄色ヲ染ムベシ」と書いてある。そしてこの材の黄色なのは隣属のRhusすなわちハゼノキ属のハゼ、ヤマハゼ、ヤマウルシ、ウルシも同様で、いずれも黄色を染めるに足るのである。

日本では昔からこの黄櫨をハゼノキと間違えて、ハゼノキを黄櫨だとしていた。ゆえに源順の『倭名類聚鈔』にもそう出ている。櫨はこの黄櫨を略したもので、今でも世間一般にこの櫨の字をハゼだとして使っているが、それはもとより誤りである。そしてハゼは黄櫨でもなければ櫨でもなく、ハゼの中国の名は野漆樹である。

我国ではハゼノキの黄材で染めたものを黄櫨染といっているが、上に述べたように元来黄櫨はハゼノキではないから、本当は黄櫨染の字はあたらない。これはまさにハジ染というべきだ。ハジはハゼの古言であるが、さらにその前の古言はハニシであった。

ついでにいうが、今普通に蠟を採る樹をハゼノキといっているが、本来ハゼノキは別種である。そして右の採蠟樹はよろしくリュウキュウハゼ一名ロウノキ一名トウロウと呼ばねばならないものである。これは昔蠟を採るために琉球から持ち来ったもので、九州に最も多く植えられてある。この種が今往々山に野生しているのは鳥がその種子を分布させたものである。そして琉球へは中国から渡ったもので、畢竟本種は中国の産であって紅包樹と称するが、それは多分この樹が秋になれば最も美麗に紅葉するからであろう。実際この樹の紅葉は見事なもので、これを見ると我庭にも一本欲しいと思う。

ワスレグサと甘草

雑誌などによくワスレグサ（ヤブカンゾウ）のことを甘草と書いている人があるが、これは全く非で、このカンゾウに対してこの字を使うのはじつは間違いであることを知っていなければならない。これは萱草《カンゾウ》と書かねばその名にはなり得ない。ワスレグサの苗を食ってみると、根元に多少甘味があるから、それで甘草だというのでない。

萱は元来忘れるという意味の字で、それでその和名がワスレグサすなわち忘レ草となっている。このワスレグサの名は元来日本にはなかったが、萱草の漢名が伝ってから初めて出来た称呼だ。書物によれば中国の風習では何か心配事があって心が憂鬱なとき、この花に対すれば、その憂いを忘れるというので、この草を萱草と呼んだもんだ。そこでまた一つにこれを忘憂草とも称えまた療愁ともいわれる、すなわち療愁とは憂いを癒やす義である。

中国の萱草は一重咲のものが主品である、すなわち学名でいえば Hemerocallis fulva *L.* である。この種名〔種小名〕の fulva は褐黄色の意で、これはその花色に基づいたものである。この品は絶て日本には産しなく、ただ中国のみの特産である。それでこれをシナカンゾウともホンカンゾウともいわれる。上に書いたヤブカンゾウ（一名鬼カンゾウ）はその一変種で八重咲の花を開くが、面白いことにこれは中国ばかりでなく日本にも産する。つまり母種の一重咲のものはひとり中国のみに産し、その変種の八重咲のものが中国と日本とに産する。地質時代の昔の日本がまだアジア大陸に地続きになっていた時分にこの八重咲品のみが日本へ拡がっていて、その後中国と日本との間へ海が出来た後ち今にいたるまでこの八重咲品のみが日本の土地へ遺され、親子生き別れをしたものだ。中国の『救荒本草《きゅうこうほんぞう》』という書物にこの八重咲品の図が載っている。

萱草を食用にすることは、日本よりも中国の方が盛んであるようだ。中国の本に「今人多採《クリ》二其嫩苗及花跗《ヲ》一作《シ》レ葅《ト》食《フ》」と出て、また「人家園圃《ニ》多《ク》種《ユ》」とも書いてある。また「花、葉芽倶《ニ》嘉蔬《ナリ》」ともある。また中国では「京師《ノ》人食《フ》二其《ノ》土中嫩芽《ヲ》一名《ク》二扁穿《ト》一」と述べてあるが、これはすなわち冬中に採る極めて初期の小さい嫩芽である。いつであったか数年前、東京の料理屋でこれを食膳に出したと聞いたことがあったがどこから仕入れたものか。これは通人の口に味う趣味的の珍らしい食品であって、多分少々舌に甘味を感ずるのであろう。おそらく扁穿とは扁《ひらた》き芽が土を穿って出るとの意味ではないかと思う。

憂さを忘れるなら何にもワスレグサに限ったことはなく、綺麗な花なら何んでもよい筈だが、中国でたまたま草が乏しい場所であったのか、この大きな萱草の花を撰んで打ち眺めたものであろう。

美しき花を眺むる憂さ晴らし、思い余りし吾れの行く末
美しい花をながめりや憂ひを忘る、それがせめての心やり
忘れぐさ忘れたいもの山々あれど、忘れちゃならない人もある

根　笹

根笹（ネザサ）は何度刈っても幾度刈っても一向に性こりもなく後から後から芽立って来て仕方ないもので、庭でも畑でもじつに困りものの一つである。いったい根笹に限らず竹の類はみな同様である。

なぜそう次ぎから次ぎからと出て来るのか。それは用意された芽が無数にあるからであ

る。すなわちその地下茎（いわゆる鞭根）でも、またそれから岐れた枝でも、さらにまたそれから地上に出た幹枝でも、みなその多くの節には必ず一つずつの芽を持っていて、不断は何年間も眠っているのだが、時いたればたちまち萌出する。だからいくら先きの方、上の方を伐りとっても、すこしもひるまず続々と出で来るので始末におえなく、まことに根強い繁殖の方法をとっているが、つまるところあらかじめ用意された芽が非常に豊富だからである。竹の節には地下部と地上部とを問わず、その節のあらん限りにみな一つずつの芽を用意している、すなわち節が十あれば芽が十、節が百あれば芽が百、また節が千あれば芽が同じく千あるのである。まことにもって力強い竹類笹類ではある。

ほかの竹も同じように、マダケ、ハチク、モウソウチクの地下茎すなわち鞭根には節毎に必ず一つの芽が用意せられてあるが、毎年でる筍は僅かの数しかなく、他の芽はみな眠りこくっている。もしその予備せられてある芽がことごとく萌出したなら無数の筍がノコノコノコノコと出る訳だ。が、しかしその鞭根は年々歳々ほんの少しばかりずつ経済的に筍の小出しをやっているのである。

ヤダケ、メダケなどの稈は、根元からその各節に芽が用意せられてあるが、しかしそれが枝になるのは梢部であって、中途から下には通常枝が出ずにいる。しかるにもし根元の節の芽も一斉にみな芽出って枝となったとすれば、その株元から上枝葉が繁茂してすこぶる鬱葱たるものになるに相違ない。

モウソウチクの稈は他と違って中部以下の節には芽の用意がない。

菖蒲とセキショウ

日本にショウブ（Acorus Calamus *L.* var. asiaticus *Pers.*）とセキショウ（Acorus gramineus *Soland.*）との二つがある。これはもとより同属植物ではあるが、無論別種のものであることは誰でも知っているだろう。かく和名でショウブ、セキショウといえば、少しも紛らわしく混雑することもなく、極めて明々瞭々たりであるが、さてそこへ漢名が割りこんで来るとたちまち面倒が起こってきて、是非とも一言を費さねばすまん始末となる。早くこの厄介な漢名を駆逐しないことには、いつまでたっても植物界の騒動は免かれ得ない悩みがある。

ショウブは菖蒲から来た名であるから、それをそのまま菖蒲と書けば問題はなかりそうだが、そうは問屋がゆるさない。普通の人はショウブを菖蒲としているが、これは大変な間違いで菖蒲はけっしてショウブではない。では菖蒲は何か。この菖蒲はセキショウそのものである。そしてショウブは白菖と書かねばそのショウブにはなり得ない。この白菖は一つに泥菖蒲とも水菖蒲ともいわれる。

この白菖であるショウブは昔はアヤメともアヤメグサとも呼んでいてよく歌に詠まれたもんだ。彼の「ほととぎす鳴くや早月のあやめぐさ、あやめも知らぬ恋もするかな」の歌はその代表的なもんだ。今日アヤメというものはアヤメ科のIris属《〔ママ〕》のものだが、昔はこれを花アヤメといった。世間で上の本当のアヤメの名をいわぬようになったので、自然にこのハナアヤメがアヤメと呼ばれるようになった。

セキショウはサトイモ科で、それが本当の菖蒲である、すなわち菖蒲はセキショウである。このセキショウの菖蒲を中国人は大いに貴び、書物には縷々とその薬効が述べてある、すなわちその地下茎を服していると骨髄が堅固になり、顔色に光沢が出で、白髪が黒くなり、歯が再び生じ、眼がよく明かになり、音声も朗らかとなり、精神も老いず、そして長生きするとあって、中国人はそう信じているようだ。もし実際こんな効能が菖蒲根にあったとしたら大したもんだが、どうもこれは信用が出来そうもない。

渓蓀《ケイソン》というものがある、日本の学者はこれをIris属《〔ママ〕》のアヤメだとしているが、それは誤りで、これもセキショウの一品か他かにほかならない。

海藻ミルの食べ方

海藻のミルは普通に水松（『本草綱目』水草類）と書いてあるが、果たしてそれがあたっているのかどうかはすこぶる疑わしい。中国の昔の学者の書いた原文ははなはだ簡単で、それが果たしてミルであるのか、じつのところよくは判らないのである。また俗に海松とも書いてあるが、これは中国の昔の学者が「水松、状《チ》如《シ》レ松《ノ》采《テ》而可《シ》レ食《ウ》」の文に基づいて製した名であろう。

　このミルの学名は前によくCodium mucronatum *J. Ag.* が使われたが、今日ではCodium fragile *Hariot*（*Acanthocodium fragile* Sur.）が用いられている。この種名〔種小名〕のfragileは「質脆ク破損シ易イ」ことを意味する。本品は純緑色の海藻で、浅い海底の岩に着生し、三寸〔九センチ〕ないし一尺〔三〇センチ〕ばかりの長さがあって両岐的に多数に分枝し、その枝は円柱状で、質は羅紗《ラシャ》のようである。そしてこのミルの語原は全く不明であるといわれる。

　源順の『倭名類聚鈔』に「海松、崔禹錫《さいうしやく》食経云、水松状如松而無葉、和名美流」とある。『延喜《えんぎ》式《しき》』内膳司《ないぜんし》式《しき》に「海松二斤四両」とあり、また『万葉集』の歌に「沖辺には深海松《フカミル》採《ツ》み」とあるのをみても、遠い昔に当時既に食用にしたことが判るが、それならそれをどういう風に調理して食したのか詳かでないけれど、昔は凝った料理の一つであったらしい。今ここに近代の食法を次に載せてみる。しかし私自身は一度もこれを食した経験がないので、その食法が分らない。そこで二、三大方の諸氏に教えを乞うたところ、みないずれも親切な垂教を賜ったので、その食法が判明し大いに喜んでいるのである。私も今度幸いにミルに出逢ったら味ってみなければならないと、今からその舌ざわりや味わいやらの想像を画いている。

理学士恩田《おんだ》経介《けいすけ》君からの所報によれば「私がミルを食べましたのは、志摩半島の浜島でした、あそこでは毎年の棚機《たなばた》にはミルを食べる慣例だとのことでした、食べたのはニク鍋でちょっといためてスミソで食べました、極極若いのだと生マで酢味噌をつけてたべるのがよいとのことです、見たよりもゴソゴソしなかったと思っています、うまいとは思いませんでしたが食べられるものだ位でした」とあった。

理学博士武田《たけだ》久吉《ひさよし》君からの返翰によれば、「御下問の件小生自身何の経験も御座いません」とて、岡村金太郎《おかむらきんたろう》博士の『海藻と人生』と遠藤吉三郎《きちさぶろう》博士の『海産植物学』とを引用して報ぜられた。

右遠藤博士の『海産植物学』は明治四十四年(1911)に東京の博文館で発行になった書物だが、今それによると「みるヲ食用ニ供シタルハ本邦ニ在リテハ其由来甚ダ遠キモノノ如ク現今却テ之レヲ用ウルコト少ナシ、箋註倭名類聚抄ニ云フ、海松、見延喜臨時大嘗祭図書寮玄番寮民部省主計寮大蔵省宮内省大膳職内膳司主膳監等式、又見賦役令万葉集、云々、之レニテ判ズレバ古ヘハみるヲ朝廷ニ献貢シタリシモノナルベシ、古歌ニモみる、みるぶさ、みるめナド多ク詠メリ、又昔ヨリみるめ絞リト称シテ此植物ノ形ヲ衣服ノ模様トナシ、或ハ陶器ノ画等ニモ見ルコト今日ニ至ルモ変ラズ其果シテ孰レノ世ヨリ斯クノ如キコト始マリシヤ明カナラズト雖ドモ少クモ千数百年ノ昔ヨリナルベシ、又此ハ海藻ニシテ美術的紋様ニ用イラルルモノノ唯一ノ例ナリ」、また「みる類ヲ食用ニ供シタルハ往古ヨリ行ハレシモノニシテ弘仁式ニ尾張ノ染海松ヲ正月三日ノ御贄《おんべ》ニ供ストアリ而シテ現今本邦ニテ主トシテ用イラルルハみる及ビひらみるノ二者ナリ是等ハ生食セラルルコト稀ニシテ多クハ晒サレテ白色ニ変ジタルヲ乾シ恰モ白羅紗ノ如クナルヲ販売セリ、之レヲ水ニ浸シ三杯酢ヲ以テ食フ或ハ夏期ニ於テ採収シタル時ハ灰乾シトシ又ハ熱湯ヲ注ギテ後蔭乾シトス之レヲ用ウルニハ熱湯ニ投ジテ洗滌スルヲ可トス」と出ている。

なお同じく遠藤博士の『日本有用海産植物』（明治三十六年〔1903〕博文館発行）にはミルの効用として「ミル、ヒラミル等は淡水と日光とに洒すときは白色の羅紗の如くなる之れを調理して食用とすナガミル、タマミル亦此の如くして可なり但し其産額前二者の如く多からざるのみ」と書いてある。

また明治四十三年（1910）博文館発行の妹尾秀実《ひでみ》、鐘ケ江東作、東《ひがし》道太郎三氏の著『日本有用魚介藻類図説』によれば「みるの種類は総て四五月より七八月の頃採収し灰乾《はいぼし》となして貯ふ、使用するに際し熱湯に投じて洗滌し吸物又は三杯酢となして食用に供す又採収したるものを淡水にて善く洗ひ晒白して貯蔵する事あり。現今みるを食用に供する事多からざれども、延喜式巻第二十三部民部下交易雑物伊勢国海松五十斤参河国海松一百斤紀伊国海松四十斤、同書巻第二十四主計上凡諸国輸調云々海松各四十三斤但隠岐国三十三斤五両凡中男一人輸作物海松五斤志摩国調海松安房国庸海松四百斤云々とあり、又明月記に元久二年二月二十三日御七条院此間予可儲肴等持参令取居之長櫃一土器居小折敷敷柏盛海松覆松とあれば昔時は貴人も食用に供せられたるならん」「又海藻の種類は多し模様として応用得べきもの少からず然れども古来諸種の工芸品の模様に応用せられたるものは実にみるのみなりみるは其形状のみならず体色も用ひられてみる色といへる緑に黒みある色をも造られたり」とある。

大正十一年（1922）に東京の書肆内田老鶴圃で発行になった岡村金太郎博士の『趣味から見た海藻と人生』に述べてあるところを抄出してみると、「ミル《ママ》は今でも少しは食用とし、殊に九州や隠岐の国あたりでは其若いのを喰べる。先年自分は九州の鐘《かね》ケ崎［牧野いう、筑前宗像郡、海辺の地にダルマギクを産する」で、特に望んで喰わせてもらったが、海から取って来たのをよく洗って、鉄鍋を火にかけて、その上でなまのミルをあぶると、茹《ゆで》菜《な》のようになるのを、酢味噌などで喰べる工合は、全く茹菜と同じである。昔は今日よりもよほどミルの用途がひろかったとみえて、越後名寄巻十四水松《みる》の条に「咬《カ》ム時ハムクムクスルナリ生ニテモ塩ニ漬ケテモ清水ニ数返洗フベシ其脆ク淡味香佳ナリ酢《ス》未醤《ミショウ》或ハ湯煮ニスレバ却テ硬シテ不可食六七月ノ頃採ルモノ佳ナリ」とある。それから古い書物に海松の貯蔵法があるが、それに「ざっと湯を通し寒の水一升塩一合あはせ漬置くべし色かはらずしてよく保つなり」とある。また灰乾として貯えてもおくとみえる。これを食するのは、その色の美しさと香気とを愛したものであろう。任日上人の句に「蓼酢《たです》とも青海原をみるめかな」とあるのは、自分の考えでは、青海原を蓼醋とみなしてそれに云いかけた洒落であろうと思うが、多分海松は蓼醋などで喰べたものであろう。また其角の句に「海松《みる》の香に松の嵐や初瀬山」とあるのも、このへんのこころであろう。寛永の『料理物語』に「みる さしみ」とあるのは、刺身として喰うというのか刺身のつまとしてというのか、である。

次に現下我国海藻学のオーソリティー、北海道帝国大学の理学博士山田幸男君からの所報によれば「小生数十年前薩摩の甑島に於てそのスミソアエと致したるものを漁師の家にて馳走になりし事を覚えおり候、又其後これは七八年前かと存候が東京芝、芝園橋付近の銀茶寮とか申す料理屋にて日本料理の献立表に「ミルの吸物」とありしを覚えをり候たゞし此際は惜くも本日は材料が揃わずとの理由とかにて実物を味わずに了い候、これにより少くもスミソあえ及汁のミと致す事はたしかと存じ候尚岡村先生の『海藻と人生』に矢張り九州のスミソアエの事等見えおり候」とあった。

要するにミルの料理としては、三杯酢かあるいは酢味噌和えかが普通一般の食法であることが知られる。

文化元年（1804）出版、鳥飼洞斎《とりかいどうさい》の『改正月令博物筌《かいせいがつりょうはくぶつせん》』料理献立欄に（二月「牧野いう、陰暦」吸物）まて貝、みる、わりこせう、（四月吸物）まきすご、みる、（七月吸物）花ゑび、みる、わりさんせう、（九月吸味）御所がき、岩たけ、くるみ、きくな、みる、わさびすみそ、（十月清汁《すまし》）実くるみ、みる、（十一月吸物）ひらたけ、みる、と出ている。

ミルクイという介《かい》があって、またミルガイともミロクガイとも称えられ、その学名は *Tresus Nattalii Cornad.* である。この介の一端から突出した多肉な水管にミルが寄生し、その状あたかもこの介がミルを食いつつあるように見えるので、それでこの介はミルクイ（ミル喰イ）と呼ばれる。この介はただその水管の肉だけを食用とし、その味がすこぶるうまいところから、これを中国の書物の西施舌《セイシゼツ》（西施は中国古代の美人の名）にあてているが、それが果たしてあたっているのかどうかよく判らない。

補記　昭和二十二年七月二十三日に東京世田谷区、梅ケ丘小学校の教員川村コウ女史が相州江ノ島の海浜で、漁夫の鰯網《いわしあみ》へ着いて揚って来たミルを採集してきて恵まれたので、早速これを清水で洗い、取りあえずその新鮮なのを先ず生食してみた。口ざわりは脆くてシヤギシヤギはするが塩味があって存外食べられる。そして海藻の香はあるが、別に特別な味はない。次いでこれを酢醤油に漬けて味わってみたが、そうするとたちまちミルが多少縮め気味で硬わばり、かえって生食するよりは不味を感ずる。それはちょうど『越後名《えちごな》寄《よせ》』に記してある通りである。このように私は生まれて初めてミルを味わってみたが、あまり感心する品ではなく、まず昔からのことを回想し趣味としてこれを口にするのものである。

ミルの語原は不明だといわれているが、私の愚劣な考えでは、それはあるいはビルもしくはビロから転訛したものであろうと思われる。すなわち生鮮なミルを静かに振ってみると弾力があって、ビルビルビロビロとするから、そのビルあるいはビロが音便によってついにミルになったのではなかろうかと想像するが、どんなもんだろうか。

ミル属（Codium）には多くの品種があって、いずれも食用になるのであろう。昭和九年（1934）六月に東京の三省堂で出版した岡田喜一《よしかず》君の『原色海藻図譜』によれば、次の種類が原色写真で出ているからそれらを知るには極めて便利である。すなわちハイミル、ヒゲミル、ネザシミル、サキブトミル、ナガミル、クロミル、ミル、モツレミル、タマミル、ヒラミル、コブシミル、ならびにイトミルの十二品が挙がっているが、その中でナガミルは岡山でクヅレミル、阿波でサメノタスキ、相模でアブラアブラというとある。同じく昭和九年十月に東京の誠文堂で発行した東《ひがし》道太郎君の『原色日本海藻図譜』にはナガミルの条下に「邦産十数種のミル中最も長大なものであって全長四十五尺に達するものもある」、「九州より千葉県に至る太平洋岸に産する、殊に湾入せるところの四五尋の深所に多い、真珠貝の養殖場に繁殖し長大なる体は真珠貝を覆い死に至らしむる事があると云われて居る」と書いてある。ヒラミルは国によりラシャノリといわれる。

楓とモミジ

中国の有名な詩人である杜牧《とぼく》が詠じた「山行」の詩に

遠《ク》上《レバ》二寒山《ニ》一石径斜《ナリ》　白雲生《ズル》処　有《リ》二人家一

停《メテ》レ車《ヲ》坐《ロニ》愛《ス》楓林《ノ》晩　霜葉《ハ》紅《ナリ》レ於《ヨリモ》二二月《ノ》花一

というのがあって、ふるくから普く人口に膾炙している。

諸君御覧の通りこの詩中に楓がある。日本人はこれをAcerすなわちMapleのカエデすなわちモミジであるとして疑わず、日本の詩人はみなそう信じている。しかし豈《あに》はからんや楓はけっしてカエデすなわちモミジではなく、全然違った一種の樹木で、カエデとはなんの縁もない。しかるにここに興味あることは、この楓をカエデとする滔々たる世の風潮に逆らってそれはカエデではないと初めて喝破し否定した貝原益軒があって、宝永六年(1709)に出版になった彼の著『大和本草』に「本邦楓ノ字ヲアヤマリテカヘデトヨム」と書き、また「楓ヲカヘデト訓スルハアヤマレリカヘデハ機樹也」とも書いている。しかし楓をカエデではないと否定する益軒の卓見には賛成だが、翻ってこの楓を古名ヲガツラ、すなわち今日いうカツラ（Cercidiphyllum japonicum *Sieb. et Zucc.*）とするのには不賛成であって、楓はけっしてカツラではない。また益軒はカエデを機樹と書いているが、その由るところの根拠全く不明であり、とにかく機の字にはカエデの意味はない。

楓はマンサク科に属しLiquidambar formosana *Hance* の学名を有する落葉喬木である。その葉は枝に互生して三裂し、実は球状で柔刺があり毬彙《イガ》の状を呈している。中国ではこの実を焚いて香をつくるとある。またこの樹の脂を白膠香《ビャクキョウコウ》というともある。

楓は台湾に多く生じまた中国にも産するが、その他の国には見ない。秋になるとカエデと同様紅葉するが、しかしカエデほど優美ではない。陳淏子の『秘伝花鏡』に「一タビ霜ヲ経ル後ニハ、葉ハ尽ク皆赤シ、故ニ丹楓ト名ヅク、秋色ノ最モ佳ナル者、漢ノ時殿前ニ皆楓ヲ植ユ、故ニ人、帝居ヲ号シテ楓宸ト為ス」と叙してある。

楓はその枝条が弱く、よく風に吹かれて揺ぐから楓の字が書いてあるといわれている。そうするとこの樹の和名をカゼカエデとでもしたらどんなもんだろう。いま植物界では楓の字音フウを和名としているが、何んだかフウはフウはして間が抜けたようであまり面白くない。が、もう台湾も中国に還して日本のものではないから、そんな木の和名はどうでもよいワ、イヤそう捨て鉢にいうもんじゃない。小石川植物園には昔御薬園時代かに来た木も今なお現に生きているし、また今日では諸処にあった木も伐られてそれが大いに残り少なにもなっているから、成るべくはその呼び名も好くして愛護してやるべきだ。

この楓は日本には産しないから、これをカエデすなわちモミジとするのは無論非である。日本の詩人はカエデの場合に常にこの楓の字を取り上げるとなるとたちまち詩作の上で支障を生じ大いに困ることだと思う。何んとなれば日本のカエデを表わす一字がないからである。しかるに上に書いたように貝原益軒はカエデに機の一字を用いているが、これはもとより怪しい字面でとても詩作などには用いることは出来ない。

日本の学者は『救荒本草』にある槭樹をカエデにあてているが、これは無論あたっていない。なぜなれば日本のカエデは日本の特産で絶えて中国にはないからである。すなわち中国にないから中国の名がないのが当然だ。そうすると機の字も落第、槭の字も落第、詩人は立往生で死人の如くなるのだ。

また我国の昔の学者はカエデ（蝦手の意）を表わす漢字名として鶏冠木一名鶏頭木の字面を用意したのだが、これは無論漢名すなわち中国名ではない、すなわちそのカエデの葉形が鶏の冠に似ているというので、そこでこの字を書いたものである。

蕙蘭と蕙

中国の書物にはよく蕙蘭《ケイラン》の名が出ているが、この蕙蘭と称えるのは今のいわゆる一茎九華と呼ぶ蘭で、陳淏子の『秘伝花鏡』には「蕙蘭、一名八九節蘭、一茎八九花ヲ発ス」（漢文）と書いてあるものである。

この一茎九華なる蕙蘭は中国特産の蘭品である、すなわちいわゆる東洋蘭の一種で Cymbidium scabroserrulatum *Makino* の学名を有する。我が日本へ中国からその生品が来て愛蘭家はこれを培養している。中国の蘭画の書物にはこの蘭を描いたものが多いところをみると、同国には山地に多く生えている普通な蘭であろう。

蕙蘭そのものをかく書くのはどういう意味か。これはその花香にちなんでこの蕙の字を用いたものである。ではその蕙とは何か。蕙は香草の一種であるから字書にカオリグサと訓ませてはあるが、しかしカオリグサの草名はない。ないのが当り前でこの字書へ訓を付けた人も無論その草を知らなかったからだ。それならその草は何んだ。その蕙と名づけた草は、クチビルバナ科（唇形科〔シソ科〕）に属する新称カミメボウキ（神目箒の意）すなわち Ocimum sanctum *L.* そのもので、古くから中国には栽培せられてあったが日本へは未渡来品である。そしてこの草の原産地は熱帯地で、インド、マレーからオーストラリア、太平洋諸島、西アジアからアラビアへかけて分布していると書物にある。

右の蕙すなわち蕙草は一名薫草《クンソウ》でそれはすなわち零陵香《レイリョウコウ》である。李時珍がその著『本草綱目』芳草類なる薫草の条下で述べるところによれば「古ヘハ香草ヲ焼テ以テ神ヲ降ス、故ニ薫ト曰ヒ蕙ト曰フ」（漢文）とある。

松村任三博士の『改訂植物名彙』全編漢名之部に薫すなわち薫草をOcimum Bacilicum *L.* すなわちメボウキ（目箒の意）にあててあるが、それは誤りでこれは前記の通りカミメボウキの名とせねばならない。

薫草すなわち蕙草は目を明にし涙を止めるといわれるので、それでメボウキすなわち目箒である。目へ埃などが入ったとき、その実を目に入れるとたちまちその実から粘質物を出して目の中の埃を包み出し、目の翳りを医するからである。つまり目の掃除をするのである。

製紙用ガンピ二種

雁皮紙をつくる原料植物、すなわちジンチョウゲ科のガンピには明かに二つの種類が厳存する。すなわち一つは単にガンピといい、一つはサクラガンピと称する。しかるに世間に出ている製紙の書物には、大抵このサクラガンピを単にガンピとしてただこの一種だけが挙げられている。しかるに榊原芳野《さかきばらよしの》の著『文芸類纂《ぶんげいるいさん》』には、伊藤圭介《いとうけいすけ》博士の『日本産物志《にほんさんぶつし》』美濃部から取り、製紙用としてのガンピ一つを挙げている。いずれもが片手落ちになっているが、これはその両方を挙げねば完備したものとは言えない。

ガンピ(ナデシコ科の花草であるガンピと同名異物)は元来はこの類の総名で、昔はカニヒと称えたものである。今日ガンピと呼ぶものは関西諸州に産するWikstroemia sikokiana *Franch. et Sav.* を指している。この種は山地に生じて高さ二尺〔六〇センチ〕内外から一丈〔三メートル〕ばかりに及ぶ落葉灌木で、その小さい黄色花は小枝頭に攢簇して頭状をなし、花にも葉にも細白毛が多い。そして一つにカミノキ、ヤマカゴ、ヒヨ、シバナワノキ(柴縄ノ木)と呼ばれる。

今一つの種はWikstroemia pauciflora *Franch. et Sav.* で関東地方に産し、相模、伊豆方面の山地に生じている。花は淡黄色小形で枝頭に短縮した穂状様の総状花序をなしており、葉には毛がない。これをサクラガンピと称するが、それはその皮質があたかもサクラの樹皮に似ているからである。これにはまた、ヒメガンピ(松村任三)、ミヤマガンピ(同上)、イヌコガンピ(白井光太郎)の名もある。

ガンピにはかくガンピとサクラガンピとの二種類があるのでよくこれを認識しておかねばならない。同属中のキガンピ、コガンピ等の諸種も強いて製紙用の材料とならんとも限らない。このガンピは一つにヤマカゴ、イヌカゴ、イヌガンピ、ノガンピ、ヤマカリヤス、アサヤイト、シラハギ、ヒヨの名がある小灌木だが、茎の繊維は弱い。しかしその根皮の繊維はキガンピと同様割合に強いから共に紙を漉くことが出来るといわれる。学名は

Wikstroemia Ganpi *Maxim.* であるが、この学名がもし前に書いた Wikstroemia sikokiana *Franch. et Sav.* であるガンピへ付けられてあったら極めて適当であるのだが、惜しいかな製紙用としてほとんど用のないコガンピの名になっているのは情けない。元来 ganpi の種名〔種小名〕を用いた Stellera ganpi *Sieb.* はもともと製紙料となっているガンピの学名としてシーボルトが公にしたもので、それに Ex cortice conficitur charta ob firmitatem laudata（樹皮カラ耐久力アル優秀ナ紙ヲ造ル）の解説が付いている。ところがその後マキシモイッチがこの学名を基として Wikstroemia Ganpi *Maxim.* の名をつくり、これにコガンピの記載文を付けたもんだから、学名での ganpi 種名〔種小名〕がコガンピのもとへ移って、その実際とは合わないことを馴致《(ママ)》した結果となっている。

また同科の Daphne 属のオニシバリ一名ナツボウズ一名サクラコウゾもまた無論製紙用に利用することが出来んでもないが、ただその産額がすくないうえに樹が矮小だから問題にはならない。この植物はその皮の繊維が強靭だから鬼縛りの名があり、夏に実の赤熟したときには既に葉が落ち去って木が裸だから夏坊主ともいわれる。そしてこの実は味が辛くて毒がある。

伊豆の梅原寛重《うめばらかんじゅう》という人の『雁皮《がんぴ》栽培録《さいばいろく》』（〔正篇〕明治十五年〔1882〕出版）に三つの図があるが、その黄雁皮とあるものはサクラガンピ、犬雁皮とあるものはコガンピ、そして鬼ガンピすなわち方言ヤブガンピとあるものはオニシバリである。

因みに記してみるが有名な南米ジャマイカの土言 Lagetto の植物レース樹、すなわち *Lagetta lintearia* Lam.（この種名〔種小名〕lintearia はリンネルのようなとの意）は同じくジンチョウゲ科の樹木であるが、その厚さは六センチメートルもある白色の内皮が二十層程な枚数となって同心的にそれを順々に剝がすことが出来、これを拡げるとまるで八重咲の花のようになり、かつその繊維が縦に交錯してその状あたかもレースの状を呈していて、世にも著明なものとなっている。

インゲンマメ

今日世間でいっているインゲンマメには二通りの品種があって、一つは前に日本に渡ったインゲンマメ、一つはそれより後に渡ったインゲンマメである。元来インゲンマメは昔山城宇治の黄檗山万福寺《おうばくさんまんぷくじ》の開祖隠元禅師《いんげんぜんじ》が、明の時代に日本へ帰化するため、中国から来た時もって来たといわれているインゲンマメが正真正銘のインゲンマメであり、それから後に日本へはいって来たのが贋のインゲンマメである。すなわち前入りのものが本当のインゲンマメで、後と入りのものが贋物のインゲンマメだ。そしてこの後と入りのものはじつは隠元禅師とはなんの関係もなく、つまりこのインゲンマメのインゲンは隠元の名を冒したものにすぎない。地下で禅師はきっと、オレの名をオレとは無関係の今のインゲンマメに濫用して、わしを無実の罪に落とすとは怪しからんと、衣の袖をひんまくり数珠を打ち振り木魚を叩いて怒っているであろう。

隠元禅師がもって来たと称する本当のインゲンマメは *Dolichos Lablab L.* という学名、Hyacinth Bean または Bonavist または Lablab という俗名のもので、これに白花品と紫花品とがあって共にインゲンマメと総称している。そしてその紫花のものを特にフジマメ、カキマメ（垣豆の意）、ツバクラマメ、ガンマメ、ナンキンマメ、ハッショウマメ、センゴクマメ、サイマメ、インゲンササゲ、トウマメといい、この漢名は鵲豆である。またその白花のものをヒラマメ（扁豆）、アジマメ、トウマメ、カキマメと呼び、その漢名は藊《ヘン》豆《ズ》、一名白扁豆である。すなわちこれがまさに隠元禅師と関係のあるインゲンマメそのものであることを確かと承知しおくべきだ。

関西地方では多くこれを圃につくり、その莢を食用に供していて、普通にインゲンまたはインゲンマメと呼んでいる。

今日一般にいっているインゲンマメ、それは贋のインゲンマメは *Phaseolus vulgaris L.* の学名を有し、すなわち俗に Kidney Bean（腎臓豆の意でその豆の形状に基づいた名）といわれているものである。従来これに菜豆の漢名が用いられているが、それは誤りで、この菜豆は何か別の豆の名であると断言する理由を私は摑んでいる。これは昔からある漢名で、東洋へこの贋のインゲンマメすなわちPhaseolus vulgaris *L.* が来たずっと以前からの名であるから、その菜豆はけっしてこの豆の漢名にはなり得ないようだ。そして我国の学者がこれを贋のインゲンマメの名としたのは、満州での書物『盛京通志《せいけいつうし》』によったもので、すなわちその文は「菜豆、如《ク》二扁豆《ノ》一而《シテ》 狭長可《シ》レ為《ス》レ蔬《ト》」である。また同書菜豆の次ぎの刀豆《ナタマメ》に次いで雲豆と書いてあるものがあって「種来《リテ》レ自二雲南一而味《イ》更《ニ》勝《ル》俗《ニ》呼《ブ》二六月鮮《ト》一」とあるが、あるいは贋のインゲンマメすなわち今のインゲンマメではなかろうかと思われないでもない。これに六月鮮の名があるところをみると、贋のインゲンマメのように早くも六月頃に青莢が生るものとみえる。しかしこのPhaseolus vulgaris *L.* のインゲンマメ(贋の)の漢名は龍爪豆であって一名を雲藊豆といわれる。

この贋のインゲンマメ(Phaseolus vulgaris *L.*)は上に書いた隠元禅師将来の本当のインゲンマメ(Dolichos Lablab *L.*)よりはずっと後に日本へ渡来したものである。そしてその初渡来はおよそ三三五年前で、右の本当のインゲンマメの渡来より後れたことおよそ五十年ほどである。ゆえに隠元禅師が日本に来たときには、まだその贋のインゲンマメは我国に来ていなかったから、この豆はなんら隠元禅師とは関係はない。

今日一般に誰も彼もいっているインゲンマメ(贋の)は海外から初め江戸へ先ずはいって来たものらしい。多分外船がもたらしたものであろう。そしてそれが江戸を中心として漸次に関西ならびにその他の諸地方へ拡まっていったもののように想われる。そして江戸をはじめその後諸方でいろいろの方言が生まれたものであって、次のような多くの称えがある。すなわちそれは江戸ササゲ、トウササゲ、五月ササゲ、三度ササゲ、仙台ササゲ、朝鮮ササゲ、ナタササゲ、カマササゲ、カジワラササゲ、銀ササゲ、銀フロウ、銀ブロウ、フロウ（同名あり、不老の意）、二度フロウ、甲州フロウ、江戸フロウ、二度ナリ、信濃マメ、マゴマメ、八升マメであるが、江戸ではまたこれをインゲンマメと呼んでいた。飯沼慾斎の『草木図説』では五月ササゲを正名として用い、トウササゲを副名としている。私の『牧野日本植物図鑑』にもゴガツササゲの名を採択して用いてある。

大槻文彦博士の『大言海』（『言海』もほぼ同文）には本当のインゲンマメ（Dolichos Lablab *L.*）と贋のインゲンマメ（Phaseolus vulgaris *L.*）との二種がインゲンササゲすなわち隠元豆として混説してあって、一向に当を得ていないことはこの名誉ある好辞典としてはこの謬説まことに惜むべきである。このインゲンマメは上に述べたように截然二つに分ってよろしく別々に解説を付すべきものである。

この五月ササゲと同属で従来ベニバナインゲンといっていたものがある。私は信州などでの方言によっていまこれをハナササゲという佳名で呼んでいる。この赤花品をつくっておくと往々にしてその白花品が同圃中で赤花の母品に交って生ずるが、これすなわちシロバナササゲ（Phaseolus coccineus *L.* var. albus *Bailey*）であって、単にその花が白いばかりでなくその豆もまた白い。この種は寒い地方に適してよく稔るのであるが、暖地につくると不作である。

ナガイモとヤマノイモ

今日私にとっては、こんな問題はもはやカビが生えて古臭く、なんの興味もありゃしない。が、それでも一言せねばならんことがあるので強いてここにペンを走らせる。ものういことだ。

明治二十四年（1891）十二月に帝国博物館で発行になった田中芳男《たなかよしお》、小野職愨《おのもとよし》同撰の『有用植物図説』に

ナガイモ、野山薬《ジネンジョウ》ヲ園圃ニ栽培スル者ニシテ其形状亦相似テ其長サ三四尺ニ至ル其需用亦彼ニ異ルコトナシ

と書き、またジネンジョウに対しては

仏掌藷《ツクネイモ》ノ原種ニシテ山野ニ自生シ根形狭長五六尺余ニ至ル者ナリ其需要ハ彼ト大差ナシ

ト雖ドモ品位彼ニ優レリ

と書いているが、これは全くの認識不足で、このナガイモもまたツクネイモ（ナガイモの一品）もけっしてジネンジョウ（ヤマノイモ）から出たもんではなく、この両品は全然別種に属するものである。そして今これを学名でいえばジネンジョウすなわちヤマノイモは Dioscorea japonica *Thunb.* でナガイモ、ツクネイモは Dioscorea Batatas *Decne.* である。だから、いくらヤマノイモのジネンジョウを培養してみてもけっしてナガイモにもツクネイモにもなりはしない。のみならず日本国中にヤマノイモ（ジネンジョウ）はどこにもつくってはいなく、私はまだそんな実際を見たことがない。そしてこのジネンジョウはやはり「野に置け」の類でその天然自然のものが味が優れているので、これを圃につくってその味を落とすようなオセッカイをする間抜け者は世間にないようだ。やはり山野を捜し回ってジネンジョウ掘りをすることが利口なようである。また田村西湖《たむらせいこ》口義の『本草綱目記《き》聞《ぶん》』薯蕷の条下に「ナガイモト云ハヤマイモノ人作ヲ経タルモノナリ」と書いてあるが、これは無論事実を誤っている。このヤマノイモをつくったものがナガイモだと思い違いしていることが昔から今までの通説のようになっているのは、前の田中、小野両氏の説で見ても分かる。世人がこのような謬見を抱いていることをみると、つまりその人々に本当の植物知識が欠けていることを証拠立てている訳だ。

昔からどの学者もどの学者もみなヤマノイモ（ジネンジョウ）を薯蕷だとしていた。が、それを初めて説破してその誤謬を指摘し、薯蕷はけっしてヤマノイモではなくまさにナガイモであることを明かにしその誤りを匡正したのは私であって、私はかつて図入りでその一文を公にしておいたことがあった。それは昭和二年（1927）十二月三十一日発行の『植物研究雑誌』第四巻第六号での「やまのいもハ薯蕷デモ山薬デモナイ」であった。

山薬といい野山薬というと、その字面から推量して軽々にこれを薬食いにもなるヤマノイモのことだと極めているが、しかしこの山薬も野山薬も、家山薬とともに薯蕷すなわちナガイモ（Dioscorea Batatas *Decne.*）の一名で、この山薬も野山薬もけっしてヤマノイモ（Dioscorea *japonica* *Thunb.*）の名ではない。そしてヤマノイモにはなんらの漢名もないのである。それはこの植物が中国には産しないようだからであろう。

全体ナガイモの薯蕷を山薬といった理由はいかん。それは唐の代宗の名が預であるので、当時その諱を避けて薯蕷を薯薬と変更した。ところが後ちまた宋の英宗《えいそう》の諱が署であるため、今度は再びその薯薬を改めて山薬としたのである。つまりナガイモの元の名の薯蕷が薯薬に変りこの薯薬が山薬となったのである。そしてその山薬（ナガイモ）の野生しているものが野山薬、すなわちナガイモで、家圃につくられてあるものが家山薬、すなわちツクリナガイモである。

薯蕷の野生しているものはみなその根が地中へ直下してその形が長いから、それでナガイモ（長薯の意）といわれ、植物学上ではそれを *Dioscorea Batatas Decne.* の和名としてナガイモとは呼んでいるが、しかし園圃に栽培せられて同種の中には無論長形（あまり長くはない）の品もあるが、その園芸品には根形が短大になっているものが常形で、それにはツクネイモをはじめとしてヤマトイモ、キネイモ、テコイモ、イチョウイモ、トロイモなど数々がある。

前にも書いたが、昔から山ノイモが鰻になるという諺があって、それが寺島良安の『倭漢三才図会』に書いてある。しかしこれはまじめなこととは誰も信じていないだろうが、中にはまた半信半疑でいる人がないとも限らない。がこれはもとより実際にはあり得べからざることであるのはもちろんだ。しかるにこんな話をつくったのは、多分鰻も精力増進の滋養品、山ノイモもまた同じくヌルヌルとした補強品、そして同様に体が長いから、それで上のようなことを言ったのではなかろうかと想像する。

今は妻のない私に、千葉県の蕨橿堂君から体の滋養になるとて土地で採ったヤマノイモを贈って来た。そこで早速次の歌をつくり答礼の手紙に添えて同君のもとへ送ったことがあった。

精力のやりばに困る独り者、亡き妻恋しけふの我が身は

ヒマワリ

中国の『秘伝花鏡』という書物に

向日葵、一名ハ西番葵、高サ一二丈、葉ハ蜀葵ヨリモ大、尖狭ニシテ刻欠多シ、六月ニ花ヲ開ク、毎幹頂上ニ只一花、黄弁大心、其形盤ノ如シ、太陽ニ随テ回転ス、如《モ》シ日ガ東ニ昇レバ、則チ花ハ東ニ朝《ムカ》ヒ、日ガ天ニ中スレバ、則チ花ハ直チニ上ニ朝《ムカ》ヒ、日ガ西ニ沈メバ、則チ花ハ西ニ朝フ（漢文）

とある。ヒマワリすなわち日回の名も向日葵の名も、こんな意味で名づけられたものである。が、しかしこの花はこの文にあるように日に向かって回ることはけっしてなく、東に向かって咲いている花はいつまでも東に向っており、西に向かって咲いている花はいつまでも西向きになっていて、敢て動くことがない。ウソだと思えば花の傍に一日立ちつくして、朝から晩まで花を見つめておれば、成るほどと初めて合点がゆき、古人が吾らを欺いていたことに気がつくであろう。しかし花がまだ咲かず、それがなお極く嫩《わか》い蕾のときは蕾をもった幼嫩《ようどん》な梢が日に向かって多少傾くことがないでもないが、これは他の植物にも見られる普通の向日現象で、なにもヒマワリに限ったことではない。しかしとにかく世間では反対説を唱えて他人の説にケチを付けたがる癖があるので、このヒマワリの嫩梢が多少日に傾く現象を鬼の首でも取ったかのように言い立てて、ヒマワリの花が日に回らぬとはウソだというネジケモノが時々あるようだが、しかしついに厳然たる事実には打ち勝てないで仕舞いはついに泣き寝入りサ。

西洋ではヒマワリのことをSun-flowerすなわち太陽花とも日輪花とも称えるが、それはその巨大な花を御日イサマになぞらえたものだ。明治五、六年頃に発行せられた『開拓《かいたく》使官園動植品類簿《しかんえんどうしょくひんるいぼ》』にはニチリンソウと書いてあり、国によっては日車の名もある。そしてその頭状花の周縁に射出する多数の舌状弁花をその光線に見立ったものだ。じつにキク科の中でこんな大きな頭状花を咲かせるものはほかにはない。

ヒマワリすなわち向日葵の花が、不動の姿勢を保って、日について回らぬことを確信をもって提言し、世に発表したのは私であった。すなわちそれは昭和七年（1932）一月二十五日発行の『植物研究雑誌』第八巻第一号の誌上で、「ひまはり日ニ回ラズ」の題でこれを詳説しておいた。そしてこの文は『牧野植物学全集』第二巻（昭和十年〈1935〉三月二十五日、東京、誠文堂発行）の中に転載せられている。

ヒマワリは昔に丈菊といった。すなわちそれが寛文六年（1666）に発行せられた中村惕《てき》斎《さい》の『訓蒙図彙《きんもうずい》』に出で、「丈菊　俗云てんがいばな文菊花一名迎陽花」と図の右傍に書いてある。

宝永六年（1709）に出版になった貝原益軒の『大和本草』には、向日葵をヒュウガアオイと書いてある。そして「花ヨカラズ最下品ナリ只日ニツキテマハルヲ賞スルノミ」と出ている。これによると、益軒もまたヒマワリの花が日にしたがって回ると誤認していたことが知れる。そしてヒュウガアオイの名は向日葵の文字によって多分益軒がつくったものではなかろうかと思う。

ヒマワリの実、すなわち痩果は一花頭に無数あって羅列し、かつ形が太いからその中の種子を食用にするに都合がよい。また油も搾られる。鍋に油を布いてこの痩果を炒り、その表面へ薄塩汁を引いて食すれば簡単に美味に食べられる。

シュロと棕櫚

棕櫚はまた棕櫚と書きまた栟櫚とも書いてある。すなわち温帯地に生ずるヤシ科すなわち椰樹科の一種で樹に雄木と雌木とがある。陳淏子の『秘伝花鏡』には「木高廿数丈、直ニシテ旁枝ナク、葉ハ車輪ノ如ク、木ノ杪ニ叢生ス、粽皮アリテ木上ヲ包ム、二旬ニシテ一タビ剝ゲバ、転ジテ復タ上ニ生ズ、三月ノ間木端ニ数黄苞ヲ発ス、苞中ノ細子ハ列ヲ成ス、即チ花ナリ、穂亦黄白色、実ヲ結ブ大サ豆ノ如クニシテ堅シ、生ハ黄ニシテ熟スレバ黒シ、一タビ地ニ堕ル毎ニ、即チ小樹ヲ生ズ」と書いてある。

日本のシュロは古くはスロノキといったことが深江輔仁の『本草和名』に出で須呂乃岐と書いてある。これは日本の特産ではあるが今日ではその純野生は見られないが、しかし昔はあったものと思われる。そしてその繁殖の中心地はまさに九州であったであろうと信ずべき理由がある。

日本シュロすなわちいわゆる和ジュロの学名は Trachycarpus excelsa *Wendl.*（= *Chamaerops excelsa* Thunb.）であるが、中国の棕櫚の学名は Trachycarpus Fortunei *Wendl.*（= *Chamaerops Fortunei* Hook. fil.）である。私は先きにこの二つを研究した結果、これを同一種すなわち同スペシーズであると鑑定し、この中国の棕櫚を日本シュロの一変種と認め、その学名を改訂しこれを Trachycarpus excelsa *Wendl.* var. Fortunei *Makino* として発表したが、これは北米 L. H. Bailey 氏の支持を得て、同氏の *Manual of Cultivated Plants*（1924）にもそう出ている。そしてこれがいわゆるトウジュロ（唐棕櫚の意）であって、今日本の庭園でも見られるが、それは前に中国から渡来したものである。そして中国には日本のシュロはない。

棕櫚は元来中国産なる右のトウジュロそのものの名であるから、厳格にいえばこれを日本のシュロの名として用いるのはもとより正しくない。そして日本のシュロには漢名はない訳だ。日本のシュロの名はもとは棕櫚の字面から出たものであるが、無論棕櫚そのものではない。

日本のシュロは和ジュロと称え、上に書いたようにこれを唐ジュロと区別する。今これをトウジュロに比べればワジュロは稈の丈け高く、葉は大にしてそのよく成長したものは、その葉面の長さ六七センチメートル、横幅一〇一センチメートル、裂片の広さ四四ミリメートルに達することがある。そしてその裂片は多少ふるくなったものは途中から下方に折れて垂れる特徴があるが、トウジュロの方は一体にワジュロよりは小形で、葉の裂片はいつもツンとしていて折れ垂れることがない。ここに誰も気のつかなかったことで津山尚博《つやまたかし》士が示さるるところによれば、トウジュロの葉の背面基部に針のような二本の付飾物が生じて葉に沿って存在している事実であるが、ワジュロの方にはそんなことは絶えてない。そしてこの事実は全く津山君の発見である。

蜜柑の毛、バナナの皮

蜜柑《ミカン》の実にもし毛が生えてなかったら、食えるものにはならず、果実として全く無価値におわる運命にある。毛があればこその蜜柑である。この毛の貴ときこと遠く宝玉も及ばない。皆の衆毛を拝め、蜜柑の毛を。

花の時ミカンの子房を横断して検してみると、それが数室になっており、その各室内には嫩い卵子《オヴユール》（これを胚珠というのは誤りで nucellus こそ胚珠である、珠心は無益不用な訳語である）があるのみで、他にはそこに何物もない。花がおわるとその子房は日を経るままに段々とその大きさを増すのだが、花後直ぐにその室の外側の壁面から単細胞の毛が多数に生えて出て来、子房の増大とともにこの毛もともに生長して間もなく室内を塡充しかつその大きさをも加える。この果実が熟する頃にはそのミカンの囊《ふくろ》一杯になっている毛の中に含まれた細胞液が酸化し甘くなり、そこで食われ得るミカンとなるのである。つまり毛の中の細胞液を吾らは賞味しているのである。

ミカンの皮は外果皮、中果皮、内果皮の三層からなっているが、その外果皮には多数の油点がある。中果皮は外果皮に連なり粗鬆質である。内果皮は薄いけれども組織が緊密で、いわゆるミカンの囊の外膜をなしている。そして互に連続せずに囊に従って切れている。その質が堅くかつ囊の外方壁となっているので、ミカンを剝げば融合連着している外果皮、中果皮がいわゆる蜜柑の皮となり、ひとり内果皮を残して剝がれるのである。

バナナ（すなわち Banana これは西インド語の Bonana から出ている）の食う部分はその皮であって、すなわちその中果皮と内果皮とを食っているのである。外果皮は繊維質になっているのでこれを剝げばその内部の細胞質の中果皮と内果皮とから離れる。ゆえに俗にこれはバナナの皮だといっている。この中果皮と内果皮とは互いに一つに融合しておってこの部が食用となるのである。そしてバナナは変形してたとえ種子の痕跡はあっても種子が出来ないから食うには都合がよい。植物学的にいえばバナナは下位子房からなっているから、その食う部分は茎からなっている花托であるといえる。ゆえにバナナはつまるところ茎を食っているとの結論に達する訳だ。

オランダイチゴの食う部分は花托だから、じつをいえば変形せる茎を食っているのである。その粒のような本当の果実は犠牲となりお供して一緒に口へはいるのである。果実の食う部分を注意して見るとなかなか興味がある。上位子房からの果実よりは下位子房からの果実には種々面白味が多い。

梨《ナシ》、苹果《リンゴ》、胡瓜《キユウリ》、西瓜《スイカ》等の子房

ナシ、リンゴ、キュウリ、スイカなどはみな植物学上でいう下位子房（Inferior ovary）を持っていて、その子房が成熟して果実となっている。ゆえにその果実はウメ、モモ、カキ、ミカン、ブドウ、ナスビなどのように純粋な果皮を持った果実とは違って、その子房は他の助けを借りてそれと仲よく合体したものである。つまり瘤付きである。ゆえにその果実の内部の中央の方は本当の子房からなっているが、外側の方はその付属物である。そしてその食える部分はすなわちこの付属物であって、中央の子房はキュウリ、スイカなどは軟くて全部一緒に食えるが、ナシ、リンゴなどは食うにしてもそれが食えないのである。

これらナシ、リンゴ、キュウリ、スイカなどの実は、上述の通り下位子房で成ったもんだからその周囲を花托で取り巻き、それが中の子房に合体している。そしてその花托は茎の先端であるから、ナシ、リンゴなどの食う部分は、つまるところこの茎であると結論せねばならん理屈だ。

学校で植物学を学んだ人達はこんな事柄はすでに承知している筈だろうから、今さら私が上のようなことを喋べると、時世おくれだと笑われるかも知れんが、しかし今世間でナシ、リンゴ、スイカ、カボチャなどを食う大人達、婦人連が果たしてこんな事実を先刻御承知かどうか、どうもそこまで一般が科学的になってはいないような感じがする。

グミの実

グミの類の花を見ると、花の下に子房のように見えるものがあるので、チョットそこに下位子房があると感ずるのだが、じつはそれは子房ではないのである。すなわちその子房らしいところは花の顔すなわち花被になっている萼《がく》の下に続く部の括びれたところで、それはやや質の厚い筒をなした花托なのである。すなわちそこが素人には子房のように見え、グミの花は下位子房があると誤認せられるゆえんである。

植物分類学を学んだ人は、その真相がチャント分っているから問題はないが、今素人やお子さん達のために一応それを説明してみよう。

グミの花は筒をなした萼から出来ていて、それに一花柱ある子房と四つの雄蕊《ゆうずい》とが副うて一個の花を組み立っている。すなわちその萼は筒を成していて口部すなわちいわゆる舷部（Limb）が四片に分裂している。そしてその分裂片はその二片が外となり他の二片が内となって、いわゆる植物学上でいう覆瓦襞《ふくがへき》を呈している。萼の筒部の本の方は括びれて小形となっているが、その部は花托である。その花托の頂が萼筒内での蜜槽となり来客として来る昆虫のため、すなわち我が花粉を柱頭に伝えて媒介してくれる昆虫のために御馳走として蜜液を分泌する。そしてその括びれの筒内に一つの子房がその花托筒に囲まれて立っており、それはけっして花托に合着していなく全くフリーである。この子房の上端には長い花柱があって萼の口まで延《およ》んでいて、その先の方が花粉を受ける長い柱頭となっている。グミの花はよい香気を放ち虫ヨ来い来いと声なしに呼んで招いている。そうするとどこからともなくこの花香に誘ない寄せられて果たして昆虫が飛んで来るが、それへの御馳走は前記の通り蜜槽から出る甘い蜜液である。すなわちこれあるがために昆虫が来るのだ。そこで昆虫学者に尋ねたいのはこの花に来る昆虫の名であるが、今果たしてその調査が出来ているのかどうか、覚束ない気がする。

花がすむとその筒をなせる萼の方は凋むが下の花托の方は生き残り、この残った花托が日を経て次第に大きさを増すのだが、また同時に段々とその外部が肉ぼったくなり、初めは緑色なのがついには熟して赤色多汁となり食用に供せられる。しかしその内壁は硬変して緊密にその内部の果実を包擁している。グミの実を食うとき、核《タネ》（すなわちサネ）の如く残される部が右花托の硬変部でそれは種子の皮部であるかと疑われる。そして果実も種子も共に右花托硬変部の内部に閉在している。ゆえにグミの実は花托と果実と種子とより成っているのである。

右の多汁甘味の熟実は、これを鳥類の御馳走に供して食って貰い、前日花粉を媒介し実の生るようにしてくれた恩返しを今実行しているのである。すなわち実さえ出来ればグミ家の我が子孫が継げるので、その生存にとってはこの実の出来るのはじつに重大事件である。

その甘い実を食って御馳走にあずかった鳥は、その花托壁に包まれた果実種子を糞と共にヒリ出して地に落し、そこにグミの仔苗が生えるのである。私の庭にナツグミとアキグミとの二つが偶然に生えたが、これは全く鳥のお蔭である。今にその樹が生長して実が生りだすと鳥君に対して有難うと御礼を言上せねばならないことになる。今また私の庭に二本のヤマブドウが生長しつつあるが、これも鳥君がどこかの深山からその種子を腹中へ入れて遠くここまで空中輸送をなし、我庭へ放下したものである。多分二、三年のうちには花が咲いて実が生るかもしれんと楽しんでいる。

グミの樹の体上には枝でも葉でも花でも実でも、すべてに放射紋の鱗甲がこれを被覆して特徴を呈しており、この鱗甲は顕微鏡下での奇観である。

グミの名は国によりグイミと呼ばれる。グイミは杭実《クイミ》、すなわち換言すれば刺《とげ》の実《み》の意である。すなわち刺枝ある樹になるのでグイミ、それが略されてグミとなったのである。グミの主品はナワシログミで胡頽子の漢名を有し、その樹には刺枝があってガラガラとしている。そして日本にある最も普通な種はナワシログミ、ナツグミ、アキグミ、ツルグミ、マルバグミである。これに常緑品と落葉品とがあるが、常緑品は秋に花が咲いてその翌年に実が熟し、落葉品は初夏に花が咲いてその年の夏あるいは秋にその実が熟する。

三波丁子

三波《サンハ》丁子《チョウジ》、今日では絶えて耳にしない妙な草の名である。宝永六年（1709）に発行になった貝原益軒の『大和本草』巻之七に蛮種としてこの名の植物が出で「三月下レ種ヲ苗生ジテ後魚汁ヲソヽグベシ此種近年異国ヨリ来ル花ハ山吹ニ似テ単葉アリ千葉アリ九月ニ黄花開ケ冬ニイタル可レ愛」と書いてある。そしてその三波の語原は私には解し得ないが、丁子は蓋しその花の総苞の状から来たものではないかと思う。

小野蘭山の『大和本草批正《ひせい》』には「三波丁子　一年立ナリ蛮産ナレドモ今ハ多シセンジユギクト称ス秋月苗高五六尺葉互生紅黄草ノ如ニシテ大ナリ花モコウヲウソウノ如ニシテ大サ一寸半許色紅黄単葉モ千葉モアリ葩《ハナ》長ク蒂ハツハノヘタノ如ク又アザミノ如シ九月頃マデ花アリ花鏡ノ万寿菊ニ充ベシ」とある。

『大和本草』にはまた紅黄《オウ》草が蛮種として出ていて「六七月ニ黄花ヲ開ク或曰サンハ丁子ハ此千葉ナリト云花色紅黄二種アリ」と述べてある。

右紅黄草について『大和本草批正』には「紅黄草　今誤テホウホウソウト云マンジュギクト葉同シテ小サシ茎弱シテツルノ如ク直立スルコトアタワズ花五弁ニシテ厚シ内黄ニシテ外赤シ故ニ紅黄草ト云紅黄草二種アル故ト云ハ誤ナリ花鏡ノ藤菊又棚菊是ナリ」とある。

上の『大和本草批正』に引用してある万寿菊について『秘伝花鏡』の文を抄出すれば万寿菊については「万寿菊、根ヨリ発セズ、春間ニ子《タネ》ヲ下ス、花開テ黄金色、繁テ且ツ久シ、性極テ肥《コヤ》ヲ喜ム」であるが、『秘伝花鏡』にあるという藤菊を私はどうしても同書に見出し得ない。

さて右の三波丁子はなんの植物であるのかというと、それは上の『大和本草批正』にあるようにセンジュギクというキク科の一年生植物で、一つにテンリンカとも称しその学名はTagetes erecta *L.*である。すなわちこれはメキシコ原産の花草で、早くから我国に渡来し、ひいて今日でも国内諸所の花園ならびに人家の庭で見られるが、その葉にも花にも茎にも厭うべき一種の臭気がある。園芸的に改良せられた種類にはその頭状花が大きくかつ八重咲で、多くは黄色あるいは柑色を呈し見事である。そしてこの花草は俗にアフリカン・マリゴールドと呼ばれる。

上の紅黄草すなわちコウオウソウも同属の花草で、草体センジュギクよりは小さく、花が通常一重咲きで多く着き可憐な姿である。これも諸所で見られるがよく公園の花壇に栽えられてある。一つにクジャクソウ（孔雀草の意）と呼ばれ、その学名はTagetes patula *L.*である。本品もまたメキシコの原産で俗にフレンチ・マリゴールドと呼ばれる。

この二つの草は飯沼慾斎の『草木図説』巻之十七にその図説がある。コウオウソウの方は『大和本草』にも図があって「黄花形如二石竹ノ一五月開ニレ花ヲ葉ハ如シ二野苑豆ノ一」と書いてある。近代の書物では石井勇義君の『原色園芸植物図譜』第一巻（1930）に美麗に著われた原色写真が出ている。

安永五年（1776）に刊行せられた松平君山の『本草正譌《ほんぞうせいか》』には「万寿菊、単葉重葉アリ俗ニ単葉ノモノヲ天林花ト云ヒ重葉ノモノヲ満州菊ト云フ万寿菊ノ訛ナリ」と書いてある。

サネカズラ

『後撰集』の中の恋歌に三条右大臣の詠んだ「名にしおはゞあふ坂山のさねかづら人に知られで来るよしもがな」というのがあって人口に膾炙している。そしてこの逢坂山（昔は相坂《あうさか》とも合坂《あうさか》とも書いた）は元来山城と近江との界にあって東海道筋に当り、有名な坂で昔の関所の旧跡であるが今日では近江分になっている。そのかみここに蟬丸という盲人が草庵を結んで住み、かの有名な「これやこの行も返るも別れつゝ知るも知らぬも逢坂の関」という歌を詠んだということが言い伝えられている。

さて上の歌に詠みこまれてあるサネカズラとは一体どんなものか。すなわちこのサネカズラは実蔓《サネカズラ》の意でその実が目だって美麗で著しいから、それでこのような名で呼ばれるようになったのだ。その実の形はちょうど彼の生菓子のカノコに似て、その赤い実が秋から冬へかけその長梗で蔓から葉間に垂れ下がっている風情、なかなかもって趣きのある姿である。これが時に岡の小藪で落葉した雑樹に懸って見られるが、また往々その常緑葉を着けた蔓をまといつかせて里の人家の生籬につくられ、そこを覗いてみるとよくその赤い実が緑葉の間に隠見している。

この実は雌花中の雌蕊の花托軸が膨らんで球形となり、その球面に多数の子房の成熟して赤色をなせる球形多汁の漿果が付着しているのである。そしてこの蔓の枝に雄花と雌花とが出てその花は黄色を呈している。蔓は右巻きの褐色藤本で、そのよく成長したものは根元の太さ周囲九寸〔二七センチ〕、根元から一尺五寸〔四五センチ〕許り上の所で周囲五寸六分〔一七センチ〕のものがあった。その外皮は軟質のコルク層がよく発達し手ざわりが柔らかく、かつ蔓面は縦に溝が出来て溝と溝との間が畦となっている。

　このサネカズラは昔それをサナカズラといったとある。そしてその語原は滑《ナメ》リカズラの意で、サは発語、ナは滑りであるといわれ、このサナカズラが音転してサネカズラとなったとのことであるが、私はその解釈がはなはだややこしく、かつむつかしく、そしてシックリ頭に来なく感ずる。しかしそうするとサネカズラの語原が二つになって、始めに既に書いたように、その一は実《サネ》を原とする語原、その二はサナカズラを原とする語原となる。今私の知識から妄りに考えた愚説では、それは恐らくサネカズラが古今を通じた名であって、それがナニヌネノ五音相通ずる音便によって昔どこかでサナカズラと呼んでいたのではなかったろうかと推量の出来ないこともあるまいように感ずる。宗碩《そうせき》の『藻《も》塩草《しおぐさ》』「さね木の花」（サネカズラの事）の条下に「さねきさなき同事也」と書いてある。

　サネカズラには美男蔓《ビナンカズラ》の名がある。これにこんな名のあるのはその嫩の枝蔓の内皮が粘るから、その粘汁を水に浸出せしめて頭髪を梳ずるに利用したからである。これは無論女が主もにそうしたろうから、美女蔓の名もありそうなもんだがそんな名はなく、美人ソウの名のみがある。市中の店にビナンカズラと称えて木材を薄片にしたものを売っていたが、これは多分中国から来たもので同国でいう鉋花であろう。すなわちクス科タブノキ属 Machilus の一種で中国に産する多分楠《ナン》（クスノキではない）すなわち Machilus Nanmu *Hemsl.*（今は Phoebe Nanmu *Gamble*）ではなかろうか。そしてこの樹は日本には産しない。しかしタブノキの材を代用すれば多少は効力がありはせぬか、このタブノキの葉は粘質性でそれを利用して線香を固める。

上のサネカズラの和名のほかに、この植物には上に書いたビナンカズラとビンツケカズラ、トロロカズラ、フノリ、フノリカズラ、ビナンセキ、ビジンソウなどの称えがある。江州ではこの実の球をサルノコシカケと呼ぶとのことだ。それはブラブラと下がっているその球へ猿が来て腰を掛けるとの意であろうが、それはすこぶる滑稽味を帯びてその着想が面白い。

このサネカズラの属名を Kadsura と称するが、これは西暦一七一三年に刊行せられたケンフェル（Kaempfer）氏の著『海外奇聞』（*Amoenitatum Exoticarum*）に Sane Kadsura（サネカズラ）とあるのから採ったもので、これへズナル（Dunal）氏が japonica なる種名〔種小名〕をつけて Kadsura japonica *Dunal* の学名をつくったものだ。

従来我国の学者はサネカズラを南五味子といっているが適中していなく、これは Kadsura chinensis *Hance* を指しているのである。また古くはこのサネカズラを五味子とも称えているが、これも無論誤りである。そしてこの五味子はチョウセンゴミシ（朝鮮五味子の意）で Schizandra chinensis *Baill.* の学名を有するものである。これはただ朝鮮ばかりではなく我国にも自生がある。例えば富士山の北麓の裾野には殊に多い場所がある。玄及《ゲンキュウ》という漢名は五味子（チョウセンゴミシ）の一名であるから、これを『倭漢三才図会』、『訓蒙図彙』にあるようにサネカズラにあてるは非である。すなわち玄及はまさにチヨウセンゴミシである。

桜桃

桜桃は中国の特産で日本にはない（栽植品は別として）一つの果樹であって花木ではない。ゆえにこれを我国のサクラにあてるのは誤りであるにかかわらず、往時の学者はそうしていた。サクラは果樹ではないからこの点でもこれがサクラでないことが分かるではないか。そしてこの中国の桜桃はその花は大して観るには足りないが、しかしその実が赤く熟して食用になる。ゆえに『本草綱目』などではそれを果部へ入れてある。日本ではこれを支那実《シナミ》ザクラと呼んでいる。

桜桃の実は円くて瓔珞《ようらく》の珠のようだからというので、それで初めは桜といったが、後ちにそれが桜桃となった。また鸎桜とも書かれているが、それは鸎という鳥がその実を食うからだといわれる。桃はただの意味でそれに付け加えたものである。

右によれば、桜桃はすなわち桜である。桜桃は支那実ザクラであるから、したがって桜もまた支那実ザクラであらねばならない理屈だのに、これを我国人が日本のサクラの名としているのは大変な間違いである。そして元来日本のサクラは日本の特産であるからもとより漢名すなわち中国名はないはずだ。ゆえに日本のサクラは仮名でサクラと書くよりほかに書きようはなく、またサクラを桜と書くのは反則だ。

桜桃は小樹であるが、しかし相当大きくなるものもあるようだけれども、もとより我国のサクラのように大木にはならない。それでも中国人はその花下で花を観ることもあるらしく、詩にも出ている。それはちょうど木の大きさの似ている京都御室《おむろ》のサクラの下でその花を賞し楽しむと同趣である。

西洋、特に欧州産の Sweet Cherry（学名は Prunus avium *L.*）の樹が近来山形県下などで大変によく成長して、その実がその季節にはおびただしく枝になって、東京の市場へも沢山出て来てこれをオウトウと呼んでいる。この名は疑いもなく桜桃から出たものであるから、じつはこのサクラン坊をオウトウと呼ぶのは無論間違っている。にもかかわらず今はそれが通名のようになっていて訂正しようもないのは残念だけれど、この滔々たる勢いにはまことに致し方もなく、この訂正をようしない園芸界の人々に科学的の頭のないのを憐れに思っている。畢竟これは以前にオウトウといえと指導した業者、園芸家ならびに学者の罪である。すなわちこれらの人々が集まって会議しその名をかく呼ぶように仕向けたのは、全く自分達の無学無識ぶりを遺憾なく発揮していて、そして名称を間違えるのは文化の恥だということを悟らないのだ。今日植物学界では支那実ザクラの桜桃に対して、この西洋の Sweet Cherry を西洋実《セイヨウミ》ザクラと呼んでいる。そしてこの二つを総称したものがすなわち実《ミ》ザクラである。

世間の英和辞書ではよく Cherry をサクラと訳してあるがこれはあたっていなく、これは宜しく西洋実ザクラとすべきである。そして日本のサクラを表わさんとすれば、これを Japanese Flowering Cherry とせねばならない。

種子から生えた孟宗竹

種子からはえたモウソウチク（Phyllostachys edulis *Carr.*）の竹藪すなわち竹林があったら極めて珍らしいが、現にそれがあるのだからやっぱりそれは珍らしい。見たかったら見せてもらいに行けば喜んで見せてくれるだろう。すなわちそれは武蔵の国都筑郡新治村字中山（今は横浜市港北区新治町中山となっている）の斎藤易《えき》君の邸内にある。

この記念すべき実生モウソウチク林は大正元年（1912）に実《み》すなわち穀粒を播いてはやしたものだが、次第に生長繁茂して今日にいたったので、今はまことに立派なモウソウ藪となっている。そしてこの藪は約一畝歩の面積を占め、なお勢いよく四方に拡がろうとして強勢なる鞭根すなわち地下茎を張り、竹稈の太いものは根元から一尺〔三〇センチ〕くらいのところでその直径約四寸〔一二センチ〕余もあるようになった。この竹藪の実生以来生きて小藪をなし藪の一隅に存していたものは今は伐り除かれてなく、今日はその株から出発して後を継ぎ年々生じた稈で竹林をなし、年々三、四十本ほどの筍すなわち笋が勢いよく生じているとのことだ。

このように実生から出足して明かにその年数のわかっている竹林は恐らく日本国中この中山の斎藤君宅地よりほかにはない珍らしいものであるから、私の切に希望するところはその持主の斎藤君がこれまで通り今後も永くこれを愛護せられて、このめでたい竹林とともに同家の益々繁栄せんことを切に祈るのである。

去る大正十五年（1926）五月三十日発行の『植物研究雑誌』第三巻第五号の口絵には、実生から十五年をへた上のモウソウ藪の写真図が出ていてその時の状況が窺われる。そして該写真は同年五月四日に横浜市の薬舗平安堂主人の清水藤太郎君が老練な手腕で撮影したもので、その竹林中に威勢のよい筍が数本直立している。

孟宗竹の中国名

モウソウチクは元来中国の原産であるが、それが昔同国から琉球へ渡り、琉球からさらに日本の薩摩に伝わった、すなわち薩州藩主の島津《しまづ》吉貴《よしたか》（浄園公）が琉球からその苗竹を薩州鹿児島に致さしめたによるのだが、それは元文元年（1736）であった。それからこのモウソウチクで薩摩を起点として漸次に我国各地に拡まって、やがて竹類中の宗となった。モウソウチクは孟宗竹と書く。これはもとより漢名ではなく初め薩摩での俗称であったのだが、今日ではこれが我国の通名となっている。元来孟宗は中国での二十四孝中の孝子の名で雪中に筍を掘って母に進めたといわれる故事から、この竹の筍が早く出て美味であるところから、この故事に付会し、さてこそこれを孟宗竹と名づけたものである。カンチク（寒竹の意）と呼ぶ小竹も冬に筍が生ずるので、これもまた同じく孟宗竹の俗名がある。しかるに中華民国二十六年（1937）に刊行せられた陳嶸《ちんえい》の著『中国樹木分類学』に孟宗竹の名が挙げられているが、これを中国名だとするのはもとより誤りで、これはまさに日本名であるから蓋し著者がこの名を日本の書物から転載したものであろう。そして同書に掲げてある本品の図もじつは坪井《つぼい》伊助《いすけ》氏著の『坪井竹類図譜』から採ったものであることに気を利かせてみねばならない。

日本では従来中国の江南竹をモウソウチクだとしているが、これは全く適中していなく、この江南竹はけっしてモウソウチクそのものではない。それはその稈の節から出る枝が毎節明かに三本ずつになっているのでも判かる。しかしこのモウソウチクは元来中国の原産で最も顕著な竹であるのだから、何か中国名すなわち漢名があるに相違ないと考え、そこで李衎《りかん》の著した『竹譜詳録《ちくふしょうろく》』（全七巻）をひもときその各種竹品の記文を検討してみたところ、果たしてその中での狸頭竹《リトウチク》、一名貓弾竹《ビョウダンチク》がまさにモウソウチクそのものであることを突き止めえた。しかしこの狸頭竹、貓弾竹の名は既に明治十九年（1886）に出版せられた片山直人氏の『日本竹譜』にモウソウチクの漢名として引用してあるが、それはモウソウチクにあてた江南竹の異名として挙げてあるにすぎず、敢えて正面の名とはなっていない。今次に右『竹譜詳録』の文章とその図とを抄出してみると

狸頭竹、一名貓弾竹、処処ニ之レアリ、江淮ノ間生ズル者高サ一二丈径五六寸、衡湘ノ間ノ者径二尺許、其節ハ下極メテ密ニシテ上漸ク稀ナリ、枝葉繁細、筍ハ庖饌ニ充テ、絶佳ナリ、此筍ノ出ヅル時、若シ近地堅硬或ハ礙礴石ナレバ則チ間ニ遠近ナシ、但シ出ヅベキ処ニ遇ヘバ、即チ土ヲ穿テ出ヅルコト猶ホ狸首ガ隙ヲ鑽《ウガ》チ通透セザル無キガゴトシ、故ニ此名ヲ寓ス、亦高サ一丈許ニ止マル者アリテ下半特ニ枝葉ナク、人家庭院ニ栽

植ス、枝葉扶疎、清陰地ニ満チテ殊ニ愛悦スベシ、然レドモ竹身ニ下麁ニシテ上細ク、竿大ニシテ葉小ク、図画ニ宜シカラズ、広中ニ出ヅル者ハ筍味佳カラズ、江西及ビ衡湘ノ間、人冬ニ入リ其下、地縫裂スル処ヲ視テ掘リ之レヲ食フ、之レヲ冬筍ト謂ヒ甚ダ美ナリ、留メテ取ラザレバ春ニ至テ亦腐朽シ、別ニ春筍ヲ生ジテ竹ト為ル、福州ノ人謂ツテ麻頭竹ト為ス（漢文）

である。またこれは猫頭竹とも貓頭竹とも猫児竹とも猫竹とも毛竹とも茅竹とも南竹とも称えるが、陳淏子の『秘伝花鏡』によれば

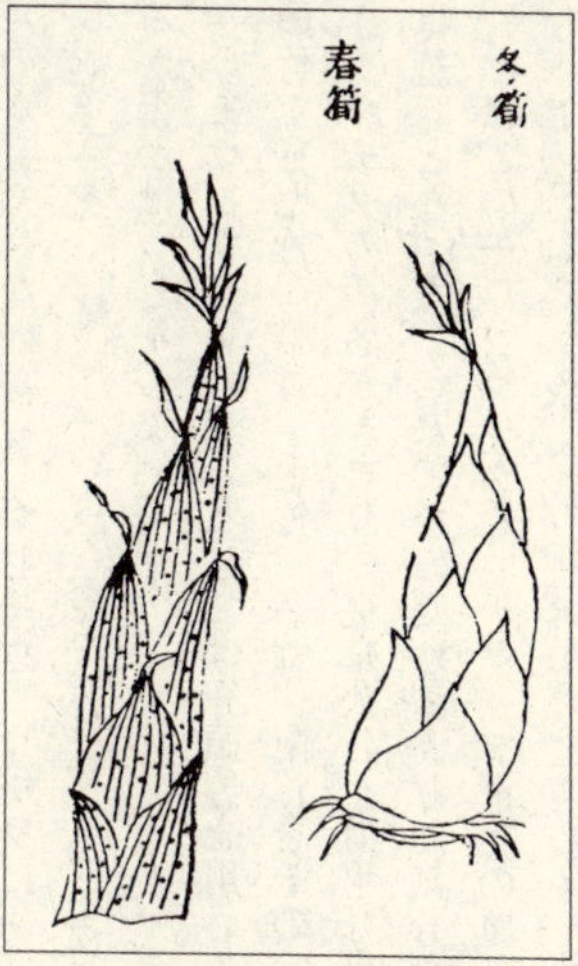

狸頭竹の冬筍と春筍（李衎『竹譜詳録』）

猫竹一ニ毛竹ニ作ル、浙閩ニ最モ多シ、幹ハ大ニシテ厚シ、葉ハ細ク小サクシテ他ノ竹ニ異ナリ、人取テ牌ニ編ミテ舟ヲ作リ或ハ屋ヲ造ルニ皆可ナリ（漢文）

と書いてある。そしてこの毛竹の名はあるいは猫竹の音便で毛竹となっ

たのかも知れないが、しかしモウソウチクにあってはその嫩稈の膚面に短細毛が密布（後に脱落する）しているので、あるいはそれで毛竹というのかとも思われるが、果たして然るか否かはっきりしない。

今モウソウチクの漢名としては狸頭竹を用いることとし、その他の貓弾竹、猫頭竹、猫頭竹、猫児竹、猫竹、毛竹、茅竹、南竹をその一名とすればよろしい。すなわちこれでモウソウチクの漢名がきまり、従来久しく慣用し来った江南竹の漢名は今はモウソウチクとは絶縁となった、これでなんだか清々した気分だ。

私はこのモウソウチクをハチク、マダケの属と分立せしめて一つの新属を建ててみるつもりで Moosoobambusa の新属名と Moosoobambusa edulis（*Riv.*）*Makino* の新学名とを用意した。近くその委曲を発表することにしている。

日本では竹籔の場合によく竹冠りを書いた籔の字を用いているが、元来この籔の字にヤブの意味は全然なく、これはすなわち枡目などに使う字だ。竹ヤブだから藪の字の艸冠りを竹冠りの籔の字にしてみたのは日本人の細工だ、細工は流々だがその仕上げはあまりご立派ではなかった。

紫陽花とアジサイ、燕子花とカキツバタ

私はこれまで数度にわたって、アジサイが紫陽花ではないこと、また燕子花がカキツバタでないことについて世人に教えてきた。けれども膏肓《こうこう》に入った病はなかなか癒らなく、世の中の十中ほとんど十の人々はみな痼疾で倒れてゆくのである。哀れむべきではないか。そして俳人、歌人、生花の人などは真っ先きに猛省せねばならぬはずだ。

全体紫陽花という名の出典は如何。それは中国の白楽天の詩が元である。そしてその詩は「何年植向仙壇上、早晩移植到梵家、雖在人間人不識、与君名作紫陽花」（何レノ年カ植エテ向フ仙壇ノ上《ホト》リ、早晩移シ植エテ梵家ニ到ル、人間ニ在リト雖ドモ人識ラズ、君ガ与《タ》メニ名ヅケテ紫陽花ト作《ナ》ス）である。そしてこの詩の前書きは「招賢寺ニ山花一樹アリテ人ハ名ヲ知ルナシ、色ハ紫デ気ハ香バシク、芳麗ニシテ愛スベク、頗ル仙物ニ類ス、因テ紫陽花ヲ以テ之レニ名ヅク」である。考えてみれば、これがどうしてアジサイになるのだろうか。アジサイをこの詩の植物にあてはめて、初めて公にしたのはそもそも源順の『倭名類聚鈔』だが、これはじつに馬鹿気た事実相違のことを書いたものだ。今この詩を幾度繰り返して読んでみてもチットもそれがアジサイとはなっておらず、単に紫花を開く山の木の花

であるというに過ぎず、それ以外には何の想像もつかないものである。ましてや元来アジサイは日本固有産のガクアジサイを親としてそれから出た花で断じて中国の植物ではないから、これが白楽天の詩にある道理がないではないか。従来学者によっては我がアジサイは中国の八仙花などにあてているが、それは無論間違いである。そしてまたアジサイは中国の繡毬ならびに粉団花に似たところがないでもないが、これらも全く別の品である。しかし近代の中国人は日本から中国へ渡ったアジサイを瑪理花（毬花の意）とも、天麻理花（手毬花の意）とも、また洋繡球とも、あるいは洋綉球ともいっているが、この洋は海外から渡来したものを表わす意味の字である。とにかくアジサイを中国の花木あるいは中国から来た花木だとするのは誤認のはなはだしいものである。そしてこのアジサイを日本の花であると初めて公々然と世に発表したのは私であった。すなわちそれは植物学上から考察して帰納した結果である。

次はカキツバタの燕子花だが、そもそもこの燕子花の出典は如何。これは『渓蛮叢笑《けいばんそうしょう》』という本の中にある「紫花ニシテ全ク燕子ニ類シ藤ニ生ズ、一枝ニ数葩」（漢文）とほんのこればかりの短文から出たものであるが、この燕子花はじついうとキツネノボタン科（Ranunculaceae）の一陸草である Delphinium grandiflorum *L.* の漢名である。この植物はまた飛燕とも紫燕とも称し、和名をオオヒエンソウと呼ばれる。右の「藤ニ生ズ」とはヒヨロヒヨロした弱い茎に碧紫色の美花が七、八輪も咲いているので、それで「一枝ニ数葩」と書いたものだ。そしてこの植物は前述の通り陸草であって水草ではなく、その産地は中国の北部から満州へかけ、また広くアルタイ、バイカル、ダフリア、オホーツクなどのシベリア地方に野生し普通に見られる宿根性の花草であって、これが前記の通り燕子花そのものである。

カキツバタはアヤメ科 Iris 属の水草で、その花梗《(ママ)》はツンとして強く立っており、花は梗頂に通常三個あるが、それが一日に一輪ずつしか咲かない。こんな草を、ヒョロヒョロして弱い茎に七、八花も咲く本当の燕子花に比べれば少しも合致するところがなく、カキツバタを燕子花だとする従来の学者の迂遠を笑わざるをえない。世人殊に詩人、俳人、歌よみ、活け花師などは早速この間違った旧説から蟬脱して正に就き識者の嗤笑《ししょう》を返上せねばなるまい。

昔からまたカキツバタと誤っている杜若の真物は、ショウガ科のアオノクマタケランである。人に笑われるのが嫌ならカキツバタを杜若と書かぬようにせねばならない。

楡とニレ

日本の学者は中国の楡を日本のニレだとしているが、元来楡は日本にはない樹であるから日本のニレではあり得ない。それはニレ属（Ulmus）には相違がないが、けっしてニレその樹ではない。つまり従来からの日本の学者は本物の楡を知らなかった。しかしそれは無理もない。すなわち楡は絶えて日本に産しないから、その実物の捕捉が我が学者には出来なく、ついに楡をニレとする誤りに陥ったのである。

元来楡は大陸の産でシベリアから中国ならびに満州にかけて広く生じている大木である。木の大きい割合に葉の極めて小さいものである。そして春早く葉の出ない前に小さい花が枝上に咲き、直ちに実を結び、それから葉が茂るのである。すなわち花、実、葉という順序である。

楡は中国には沢山ある普通樹で、それが食物と関係があるから極く著明である。食物としてはどこを利用するのかというと、その嫩かい実とその嫩かい葉とその嫩かい皮とである。

実は花に次いでその枝上にあたかも串に刺したように無数になる。円形の翅果で、中央にある小さい堅果の周囲に薄い翅翼がある。初めは緑色で軟かく、それを採って煮て食する。私も昭和十六年（1941）に八十歳で満州へ行った時、五月にこれを大連市壱岐町三番地福本順三郎君（大連税関長）の邸で味ってみたが、あまり美味しいものではなかった。楡はこのように円い銭形をしたいわゆる楡莢《ゆきょう》を生じ、俗にこれを楡銭《ゆせん》と呼ぶので楡銭樹ともいわれる。

この実は熟すると早くも枝から落ちてしまう。そして新芽の葉もゆでれば食べられる。またこの樹の白色で軟かい生まの内皮を掻き取り食用にするのだが、それは粘滑質で餅などに入れて食する、いわゆる楡皮である。またこの内皮を取って乾燥して磨して白い粉となし楡麵《ゆめん》に製し食べるものがいわゆる楡白粉である。

この楡はニレ科で俗に Siberian Elm と呼ばれ、その学名は Ulmus pumila *L.* である。この種名〔種小名〕の pumila とは矮小ナあるいは細小ナ〔の〕意味の語であるが、しかし元来この樹は高大なものであるにかかわらず、こんな学名がついたのは、それがシベリアからの灌木状のものであったので、その命名者がこんな種名〔種小名〕を用いたゆえんであったのであろう。

楡の和名はノニレといわれる。すなわち野楡の意味である。満州ではこの樹は平地に生じ人家の辺に茂っていて普通に見られるところから、またこれを家楡《ヤユ》とも呼ぶ。冬になれば落葉し、夏は緑葉で樹蔭をなしているが、しかしこれがあんまりうっそうと繁りすぎると、天日を蔽うてその光りと熱とを遮ぎり、その樹下では、とうてい作物が出来ないから五穀などを栽えることがない。

日本の学者は昔、楡が我国にもあるとして、それに対しヤニレまたはイエニレという和名をつけていたが、これは楡が人家近くにあって一つに家楡とも呼ばれるという中国の書物の記述を見て、名づけたものであることが推想せられる。しかしこれは日本産のニレすなわちハルニレ（Ulmus japonica *Sarg.* = *Ulmus campestris* Sm. *var. japonica* Rehd. = Japanese Elm）を楡であると誤認して名づけたものである。そして楡の本物は、もとより日本には産しないこと上述の通りである。

上の和名のヤニレならびにイエニレは古名だが、またニレともネレともネリともさらにハルニレとも呼ばれる。ニレとは元来滑《ヌレ》の意で、その樹の内皮が粘滑であるからかくいわれる。そして右古名のヤニレだが、これは書物に脂滑《ヤニヌレ》だともっともらしく書いてあるが、私はそれに賛成せず、これは家ニレの意だと解している。そして同じく古名のイエニレは家ニレだ。

周定王《しゅうていおう》の『救荒本草』には救荒食の樹として、中国式な楡銭樹の図が出ている。楡と同属の樹に蕪荑《ブイ》というのがあって Ulmus macrocarpa *Hance* の学名を有し、その実を蕪荑仁と号して薬用に供し、すこぶる臭気がある。この実の味がやや苦いので古人が和名としてニガニレの称えを与えている。『倭名類聚鈔』にこれを和名比木佐久良（ヒキサクラ）と書いてあるが、なぜそういったのか今その意味は分らない。

シソのタネ、エゴマのタネ

シソ（紫蘇、または蘇）のタネ、エゴマ（荏）のタネと俗に呼んでいるものはじつは純然たる種子ではなく、純種子を含んだ果実である。植物学者はそんなことは朝飯前に知っているが、普通の人々には、それが分かるまい。あの小さい種子らしい粒を見て種子であると思うのは無理もない。

このシソあるいはエゴマの種子だと見えるものは、じつはその果実の四つに割れた一部分で、初めそれが宿存萼の奥底に鎮座しているのだが、熟するとばらばらの四粒となって萼内からこぼれ落ちるのである。そしてその円い球形の粒の表面には皺がある。この粒の中に本当の種子が一個ずつ入っている。そしてその粒は割れないから、その中の種子は外から見えない。

このシソならびにエゴマの子房は、元来合体した二心皮から出来ており、それが括れて二つになり、両方の各心皮の中に二個の卵子があるから、つまり一子房には四つの卵子がある訳だ。そしてこの一子房を形成せる二心皮が再び二つに括れていて、その両方に各一個ずつの卵子がある。今これを上から見ると、そこに四つの体《からだ》をなして行儀よく並んでいる。

右の子房が熟すると、元来は果実分類上の蒴となる。そしてその四分体、その内部に各一個の種子を含んだ四分体がばらばらになって宿存萼の底から出て来て地面に落ちる。すなわちこの四分体がいわゆるシソのタネ、エゴマのタネである。植物学者はこの種子様のものを小痩果（Nucule）あるいは小堅果（Nutlet）といっている。

シソもエゴマも元来は同種異品のものであるが、その用途は違っている。すなわち紫蘇は西洋ではその葉の紫色を愛でて観葉植物となっているが、日本ではよい香のあるその葉がアオジソとともに香味料食品となっている。エゴマ（荏）はそのタネから搾った油を荏の油と称し、合羽、傘などに使用し、また食料とすることもある。しかし胡麻のタネは本当の純種子である、そしてゴマには通常黒ゴマ、白ゴマ、金ゴマがある。

麝香草の香い

諸地の山中にはジャコウソウと称する宿根草があって、クチビルバナ科に属し、夏に淡紅紫色の大形の唇形花を茎梢葉腋の短き聚繖梗にひらき、茎は叢生直立し方形で高さ三尺〔九〇センチ〕内外もあり、葉は闊《ひろ》くして尖り対生する。その学名をChelonopsis moschata *Miq.* と称する。

小野蘭山の口授した『本草記聞《ほんぞうきぶん》』芳草類、薫草（零陵香）の条下に「サテ此ノ本条〔牧野いう、薫草零陵香を指す〕ノコト前方ヨリ山海経ノ説ニヨリテ麝香草ヲ当ツ、ソレモトクト当ラズ、是モ貴船ニ多シ宿根ヨリ生ズ一名ワレモカウ（地楡又萱ノ類ニ同名アリ）苗ノ高サ一尺五六寸斗紫茎胡麻葉ニ似タリ葉末広シ細長クアラキ鋸歯アリ方茎対生八九月頃葉間ヨリ一寸程ノ花下垂シテ生ズ薄紫也一茎ニ一輪胡麻ノ花形ニ似テ大也桐ノ花ヨリ小也花萼余程大ナル鈴ノ形也夢渓筆談ニモ鈴子香鈴々香ノ一名アリ花ノ形ニヨリテ名ヅクル也鈴子ノアルヲ択ムベシトアリ風ニツレテ麝香ノ匂ヒアリ、チギリテハ却テ臭気アリ時珍ノ説ノ如ク土零陵香ニ当ルヨシ」と述べ、また蘭山の『本草綱目啓蒙』巻之十、芳草類の薫草零陵香の条下には「又山海経ノ薫草ヲジヤカウサウニ充ル古説ハ穏カナラズ、ジヤカウサウハ生ノ時苗葉ヲ撼動スレバ其気麝香ノ如シ葉ヲ採或ハ乾セバ香気ナシ漢名彙苑詳註ノ麝草ニ近シ」と書いてある。

同じく小野蘭山口授の『本草訳説《やくせつ》』（内題は『本草綱目訳説』）には「恕菴《じょあん》［牧野いう、松岡恕菴］先生秘説（蘭品）ニハ山海経ノ薫草ヲ和ニ麝香草ト称ルモノニ充ツ未的切ナラズ麝香草ハ生ニテ動揺スレバ香気アリ乾セバ香気ナシ漢名麝草（王氏彙宛）」と出ている。

実際この草は麝香の香いがすると誇りやかに言い得るほどのものではない。それが多数生えている所に行きその苗葉を揺さぶり動かすと、じつに微々彷彿としてただ僅かに麝香の香いの気がするかのように感ずる程度にすぎなく、ジャコウソウという名を堂々とその草に負わすだけの資質はない。『花彙《かい》』のジャコウソウの文中にはこれを誇張して述べ「茎葉ヲ採リ遠ク払ヘバ暗ニ香気馥郁タリ宛モ当門子《ジャカウ》ノ如シ親シク搓揉《モム》スレバ却テ草気《アヲクサシ》アリ」と書いてある。

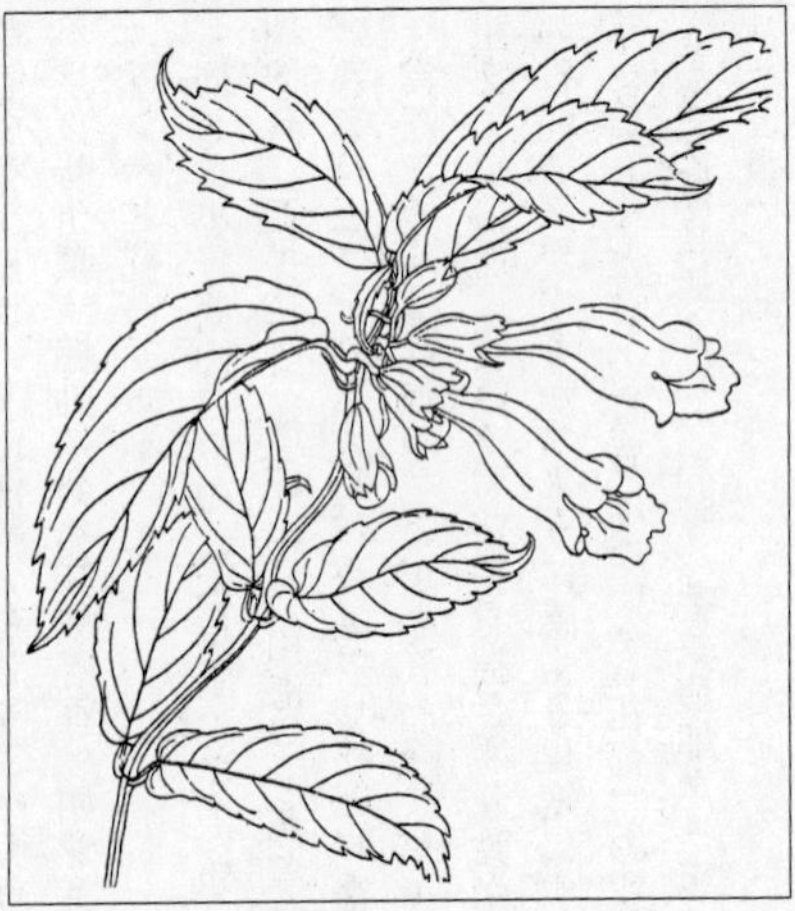

ジャコウソウ（Chelonopsis moschata *Miq.*）
写生の名手関《せき》根《ね》雲停《うんてい》筆、牧《まき》野《の》結網《けつもう》修正

この植物について研究したミケル（Miquel）氏は、これを新属のものとしてChelonopsis（Chelone属〔ママ〕すなわち亀頭バナ属に似たる意）属を建て、そしてChelonopsis moschata *Miq.* の新学名を設けた。この種名〔種小名〕のmoschataは麝香ノ香気アルの意で、その草に触れれば麝香の香いがする（attactu odori moschati）という事柄に基づいてこれを用いた訳だ。日本にはこのジャコウソウの品種が三つあって、それはジャコウソウ、タニジャコウソウ（Chelonopsis longipes *Makino*）、アシタカジャコウソウ（Chelonopsis Yagiharana *His. et Mat.*）である。

右ジャコウソウ属すなわちミケル氏のつけたChelonopsisの名称を誘致した北米産Chelone属〔ママ〕（亀頭バナ属、亀頭は花冠の状に由る）には属中にChelone Lyonii *Pursh.*（ジャコウソウモドキ）とChelone glabra *L.* とChelone obliqua *L.* があるが、ともに西半球北米の地に花さく宿根草である。そして右ジャコウソウモドキは園芸植物となって我国にも来り、時々市中の花店へ切り花として出ていた。石井勇義君の『原色園芸植物図譜』にはその原色図版がある。

上の『山海経《せんがいきょう》』にある薫草は、蓋し零陵香の一名なる薫草と同じものであろう。またこれは蕙草ともいわれる、すなわちクチビルバナ科のカミメボウキ（神眼箒の意）で Ocimum sanctum *L.* の学名を有し、メボウキすなわち Ocimum Bacilicum *L.* と姉妹品である。

狐ノ剃刀

キツネノカミソリ、それは面白い名である。狐も時には鬚でも剃っておめかしをするとみえる。それからこのコンコンサマが口から火を吹き出すこともあれば、また美女に化けて人を誑かすという段取りになるのだが舞台が違うからここでは省略だ。

このキツネノカミソリはヒガンバナ科（マンジュシャゲ科、石蒜科）のいわゆる球根草で、日本国中諸所の林下に生じ、秋八月から九月にかけて柑赤色の花が二、三輪独茎の頂に咲く。誰もこれを庭に植える人はないが、しかしそう見限ったもんでもない。学名を Lycoris sanguinea *Maxim.* というのだが、この種名〔種小名〕の sanguinea は血赤色の意で、その花色に基づいたものである。

この属すなわちLycoris属《〔ママ〕》には日本に五種があって、その一は右のキツネノカミソリ、その二は桃色の花が咲き属中で一番大きなナツズイセン、その三は黄花の咲くショウキラン、その四は赤花が咲き最も普通でまた多量にはえているヒガンバナ一名マンジュシャゲ、その五は白色あるいは帯黄白色の花が咲きヒガンバナとショウキランとの間の子だと私の推定するシロバナマンジュシャゲである。今日までまだ純粋の白色ヒガンバナを得ないのが残念であるが、しかしこれはどこかにあるような気がする、というのは数年前摂津の某所にそれが一度珍しく見つかったことがあったからである。惜しいことには、その白花品をある小学校の先生が他へ運んでついになくしたという事件があった。私は人に頼んでその顛末を詮議してもらったけれど、ついにそれを突き止めることが出来ず、よく判らずにすんでしまった。

さて狐の剃刀とはその狭長な葉の形に基づいた名だ。時とするとヒガンバナに対してもキツネノカミソリの名を呼んでいるところがある。

これらの地中の球は俗に球根といっているが、じつは根ではなくて、真の根は鬚状をなして球の底部から発出しているいわゆる鬚根である。そしてこの球は極く短かい地下茎と地中の葉鞘からなっており、その大部はこの変形した葉鞘で、それは嚢のように膨らんだ筒を成し層々と重なり、そこに養分が貯えられているから厚ぼったい。この部からは澱粉がとれる。元来この球には毒分（リコリンというアルカロイド）があるが、澱粉には無論この毒はない。またこの球を潰して流水に晒せばその毒分が流れ出て、その残ったものは餅に入れて食べられる。そしてこの球根を植物学上では襲重鱗茎（tunicated bulb）と称するが、しかしこの茎と指すところは前述の通りの極めて短かい茎で球の底部にあり、この茎から地下葉が重りつつ生じている。ユリ類の鱗茎はバラバラになった地下葉が出ているが、ヒガンバナ、キツネノカミソリなどは前記の通り地下茎が嚢様の筒となって重なっている。これは水仙も同じことだ。

これらは花の咲くときは葉がなく、葉は花がすんだあとで出て春に枯れる。その後秋になるとまた忽然と花が出る。ゆえにヒガンバナに「葉見ず花見ず」の名がある。これはヒガンバナに限らず、キツネノカミソリでもナツズイセンなどでもこの属の植物はみな同じである。今これを星に喩えれば参商の二星が天空で相会わぬと同趣だ。

私はこの属に今一種あることを知っている。そうすると日本にこの属のものが六種となる。それはオオキツネノカミソリ（新称）であって、今その学名を *Lycoris kiusiana Makino* (sp. nov.) と定めた。そしてその概説は An allied species to *Lycoris sanguinea Maxim.*, but the leaves broader, and the flower larger than, and its colour similar to those of the latter. Perianth lobes larger and broader. Stamens much exserted（= *Lycoris sanguinea* Maxim. *var. kiusiana Makino*, in herb.）であるが、なおその詳説は拙著『牧野植物

混混録』に掲載する〔第九号、昭和二十三年（1948）十二月発行〕。

この襲重鱗茎球の外面は他のヒガンバナなどと同様に黒色となっているが、これはその球を包んでいる地中の葉鞘が老いて、その内容物を失い、黒い薄膜となって球の外面を被覆しているのである。

ハマカンゾウ

ハマカンゾウ（浜萱草の意）というワスレグサ（萱草）属の一種があって、広く日本瀕《ひん》海《かい》の岩崖地に生育し、夏秋に葉中長葶《てい》を抽《ぬ》いて橙黄色を日中に発《ひ》らき、吹き来る海風にゆらいでいる。花後にはよく蒴果を結び開裂すれば黒色の種子が出る、無論宿根草である。葉はノカンゾウと区別し難く、狭長で叢生し、葉色は敢えてナンバンカンゾウ（南蛮萱草の意）のように白らけてはいなく、またその葉質もナンバンカンゾウのように強靭ではなく、またその葉形もナンバンカンゾウのように広闊ではなく、またその花蓋片もナンバンカンゾウのように幅闊からずで、それとは自ら径庭があり、かつまたナンバンカンゾウの葉はその葉の下部が多少冬月に生き残って緑色を保っている殊態があるが、これに反してハマカンゾウの葉は冬には全然地上に枯尽してしまうことがノカンゾウまたはヤブカンゾウなどにおけると全く同様である。根もまたノカンゾウ、ヤブカンゾウと同じく粗なる黄色の鬚根で、その中にまじって塊根をなしているものがある。そして株からは地下枝を発出して繁殖するから、植えておくと大分拡がり、花時には多くの葶を出して盛んに開花するが、その花径はおよそ三寸〔九センチ〕ばかりもある。

花がすんだ後なおその緑色の葶が枯れず、その梢部に緑葉ある芽を生ずる特性があるが、初めこの現象あるに気がついたので写真入りで、昭和四年（1929）四月十五日発行の『植物研究雑誌』第六巻第四号誌上にその事実を発表したのは久内清孝君で、同君はそれを相州葉山長者ケ崎の小嶼《しょうしょ》で採集せられたのであった。そして私はこの種にハマカンゾウの新和名とともにHemerocallis littorea *Makino* なる新学名をつけておいた。

このハマカンゾウは一つの good species であり、また littoral plant である。広く太平洋、日本海の沿岸に分布して生じているから、中国でも四国でもまた九州でも常に瀬海の崖地で見られる。薩州甑島《こしきじま》に生ずる萱草も多分このハマカンゾウにほかならないであろう。

琉球ではハマカンゾウは自生していないが、しかしこれを圃隅に植えてその花を食用に供している。そして、これを塩漬にもし泡盛漬にもし、また汁の実にもするが、内地では一向それを利用していない。

昭和十九年二月に、東京の桜井書店で発行になった吉井勇《よしいいさむ》氏の歌集『旅塵』に、佐渡の外海府での歌の中に「寂しやと海の上《うえ》より見て過ぎぬ断崖《だんがい》に咲く萱草《かんぞう》の花《はな》」というのがあるが、この歌の萱草は疑いもなくハマカンゾウを指しているのである。

終りに、上のナンバンカンゾウそのものについて述べてみると、飯沼慾斎の『草木図説』巻之六（文久元年辛酉 1861）蘐に草（通名）と出で、明治八年（1875）の同書新訂版にはワスレグサ萱草と出ているその植物は、けっして蘐草でも萱草でもまたワスレグサでもなくて、これは宜しくナンバンカンゾウとせねば正しい名とはなりえないものである。慾斎氏はこれを Hemerocallis flava（羅〔ラテン語〕）Geele Dagschoon（蘭〔オランダ語〕）にあてているが、これは無論あたっていなく、そしてその正しい学名は Hemerocallis aurantiacus *Baker* である。本品は蓋し中国の原産で、我国へは徳川時代に渡来したものである。爾来人家の庭園に栽植せられて一つの花草となっているが、しかしそう普通には見受けない。右『草木図説』には「伊吹山ニ多ク自生アリ」と書いてあるが、これは慾斎の誤認で、同山には絶対この種を産しなく、ただ同山にはその山面の草地にキスゲ一名ユウスゲ一名ヨシノスゲ一名マツヨイグサ（同名がある）すなわち Hemerocallis Thunbergii *Baker* を見ているだけである。

右の蘐の字は藼の字の誤り、これは萱と同字で、その漢音はケン、呉音はクヮン、共に忘れる意である。

イタヤカエデ

日本産のカエデ類（Acer）にイタヤカエデという名のカエデがあるが、今日の人々はみなその実物を間違えている。つまり本当のイタヤカエデがイタヤカエデとなっていなく、イタヤカエデでないものがイタヤカエデとなっている。そしてそれが林学の方面でもまた植物学の方面でも通り名となって誰も疑わずにこの名を用いているから、これは科学上どうしても是正しておかねばならんのである。猴は人ではなく、犬は猫でなく、牛は馬ではない。

元来イタヤカエデとはどういう意味から割り出して来た名であるのかとたずねてみると、これは宝永七年（1710）に出版になった、東武蔵、江戸の北なる染井の植木屋の主人伊藤《いとう》伊兵衛《いへえ》の著『増補《ぞうほ》地錦抄《ちきんしょう》』によって見れば、イタヤカエデは紅葉するカエデの中でその葉が大形なものであるから、それが天日を蓋うように繁れば降り来る雨もそれを通して漏り来ることはあるまい。それはちょうど屋根を板葺きにした板家《いたや》と同様だから、それで板家カエデというのであるとして、今日いうハウチワカエデ（Acer japonicum *Thunb.*）の葉形が掲げてある。

この板屋《イタヤ》カエデをまた名月《めいげつ》というとしてその語原が書いてあるが、その名の起こりは『古今集』から来たもので、その集中の「秋の月山へさやかにてらせるは落る紅葉のかずを見よとか」の歌に基づいたもので、これは秋の紅葉の時節にこの赤色に染った葉が地面に落ち布ける数を、照る月の光でかぞえ見ることが出来るだろうとの意味である。

右によると、イタヤの名もメイゲツの名と同じく、Acer mono *Maxim.* の品類の名ではないから、この類からイタヤカエデの名を取り消さねば名称学上正しいものとはなりえない。ゆえにこの Acer mono *Maxim.* 一類の品はこれをツタモミジとかトキワカエデ（これは常盤すなわち常緑の意味ではなく、赤く紅葉しない意味だ、すなわちこの品は黄葉して赤色とはならない）とかの従来からある名にすればそれでよろしい。

従来山人が実地に呼んでいるものに、シロビイタヤ（白皮イタヤ）、アカビイタヤ（赤皮イタヤ）、クロビイタヤ（黒皮イタヤ）の三つがあるが、これはみなAcer mono *Maxim.* 中の品である。この mono 種にはいろいろの品があるので、その品によって樹皮の色が違うのであろう。ゆえにこれはどれがどれ、どれがどれと突きとめる必要があるのだが、林学の方で果たしてそれが判っているだろうかどうだろう、林学関係の学者に聴きたいものだ。

今日植物学界では北海道に産する（本州にもある）Acer Miyabei *Maxim.*（この種名〔種小名〕Miyabei 宮部《みやべ》金吾《きんご》博士を記念するために名づけたものだ）を誰がいったか知らんが、クロビイタヤと呼んでいる。しかし上に書いたようにこのクロビイタヤの名はいわゆるイタヤカエデの一品を呼んだものにほかならないから、何か別の和名に改める必要がある。そこで私は先きにこれをエゾイタヤと変更し、これを我が『牧野日本植物図鑑』に書いておいたが、しかしまことに気持ちよい爽やかな図が Sargent 氏の *Forest Flora of Japan* に出ている。この書には日本の飜刻版がある。

三度グリ、シバグリ、カチグリ、ハコグリ

諸国に往々三度グリと呼んでいるクリがあって、その土地の名高い名物となっていることがある。すなわちそれは一年に三度実が生るというのである。実際そんなクリがあるにはあるが、じつをいうと何も一度、二度、三度と区切って実が生るのではなく、夏から秋まで連続してその実が着くのである。

かく呼ばれている三度グリについては、私の生国土佐にもその例があって『土佐国産往来《とさこくさんおうらい》』にも「三度生栗」と出ている。次にかつて私の書いた土佐三度グリの記事を掲げてみよう、すなわち三度グリとはこんなものである。

土佐に三度グリというクリがあって『土佐国産往来』にも出ている。明治十四年(1881)私が二十歳の時の九月に、植物採集のため同国幡多《はた》郡佐賀村大字拳《こぶし》ノ川《かわ》の山路を

通過した際その辺で実見したが、しかしそれは敢えて別種なクリではなかった。すなわちそのクリは野山に生えているのだが、そこは毎年土人が柴を刈る場所で春先きになると往々その山を焼くのである。それゆえそこに生えている雑樹は刈られ焼かれて、ただその切り株だけが生存し、年々それから新条が芽出つのである。それゆえその株は往々太い塊をなしている。そしてこの株から芽出ったクリの新条は直立して春夏秋とその生長を続け、夏秋の候にその新梢へあとからあとからと花穂が出て花を開き、雄花穂軸の本には少数の雌花があって毬彙《イガ》を結び、一条の枝上に新旧の毬彙が断続して着いているのが見られる。元来クリは普通にはただ一度梅雨の時節頃に開花するだけだが、上述のものは夏から引き続いて秋までも花が咲く、すなわちそれはその新条が絶えず梢を追うて生長するからである。ゆえにこんなのは三度グリともいい得れば、また七度グリとも十度グリとも十五度グリともいい得るのである。このように年々歳々その切株から芽出たせば、上のようにじつに無限に連続的開花の現象を現わすが、もし一朝その樹を刈らず伐らずして自由に生長させると、敢えて常木と異なるところのない凡樹となり、ついにその特状が認められなくなってしまう。我国各地に三度グリだの七度グリだのと呼ぶものは大抵こんな状態のものである。しかしたまには老木になっても年に二度開花する変わりものがあることが知られたが、今その珍らしい一例は、相州箱根宮城野村なる勝俣某の邸内にあるもので、これはかつて沢田武太郎君（今は故人となった）が昭和三年九月発行の『植物研究雑誌』第四巻第六号で写真入りで報ぜられているが、また同様なものが信州下伊那郡大鹿村大河原にもあるとのことである。

伊予の国の某村にも右の土佐の三度栗と同様なものがあって、昭和六年の秋私が同国へ赴いたとき土地の人がそこを天然記念物保護地にしたいとの希望で、私の意見を求められたことがあったが、私は言下にそれは無駄だからヨセといって止めさせた。なぜなれば、もしそこを保護してそのクリを伐らなかったならば、たちまちその三度グリたる現状態が見られなくなるからであった。そしてこんなクリはやはり野に置けでないとその天真を失ってしまうことになる。

右のような小木のクリを南京栗《ナンキングリ》というと伊藤伊兵衛の『地錦抄付録』に出ている。一体姿の小さいものを南京鼠のように南京と呼ばれる。三度栗も樹が小さいからそれでこの名がある。

上のいわゆる三度グリと同様のものは、春に山を焼く場所にはどこにも見られ、敢えて珍らしいものではない。私は先年肥後葦北郡水俣の山地でもこれを見たのだが、同地にも普通に多く生長して多数な毬彙《イガ》を着けていた。その中に特にその毬彙が紫色を呈したものがあって私の眼を惹いた。そこでそれを採集し、それにイガムラサキの新和名と Castanea crenata *Sieb. et Zucc.* forma purpurea *Makino* (Burs purple) の新学名をつけておいた。

三度グリについて小野蘭山の『本草綱目啓蒙』巻之廿五、栗の条下に「マタ越後ニ三度グリアリ大和本草ニヤマグリト云〔牧野いう、『大和本草』にこの名は見えない〕石州ニテカシハラグリト云茅栗《ボウリツ》ノ類ニシテ年中ニ三度実ノルト云越後ノミナラズ石州予州土州上野下野ニモアリト云」と出ている。そしてこれらも元来はシバグリの内のものであって、このシバグリについては同書に「又シバグリアリ一名ササグリ（和名鈔）ヌカグリ〔牧野いう、漢名糠栗《コウリツ》に基づいての名だろう〕モミヂグリ木高サ五六尺ニ過ズシテ叢生ス房彙《イガ》モ小ナリソノ中ニ一顆或ハ二三顆アリ形小ナレドモ味優レリ是茅栗ナリ」と書いてある。

貝原益軒の『大和本草』巻之十、栗の文中には「栭栗《ササグリ》サヽトハ小ナルヲ云小栗ナリ又シバクリト云爾雅ノ註ニ江東呼《デフ》小栗《ヲ》為栭栗《ジト》崔禹錫《さいうしゆく》食経ニハ杭子ト云ヘリ春ノ初山ヲヤケバ栗ノ木モヤクル其春苗ヲ生ジ其秋実ノル地ニヨリテ山野ニ徧ク生ズ貧民ハ其実ヲ多トリテ粮トス筑紫ニ多シ庭訓往来《ていきんおうらい》ニ宰府ノ栗ト云是ナリ蘇恭《そきよう》ガ茅栗細《ニシテ》　如橡子《ノ》ト云シモシバクリナルベシ」と述べてあるが、これはいわゆる三度グリに当っている。

寺島良安の『倭漢三才図会』巻之八十六、栗の条下に「上野下野越後及紀州熊野《ノ》山中《ニ》有《リ》山栗小扁《ク》一歳再　三《ニフタタビミタビ》結子《ヲ》其樹不大木《ナラ》所謂茅栗《ルササクリ》是乎《カ》」と書いてあるが、これも三度グリを指したものだ。

およそ二百五十年前の嘉永三年（1850）に上梓せられた『桃洞遺筆《とうどういひつ》』第二輯に三度栗の記事があって次の通り書いてある。すなわち「又三度栗あり、本朝食鑑（四巻）に、上野州下野州有二山栗一極小、一年ニ三度収ムレ栗ヲ、故号ニ二三度栗一といひ、因幡志（巻二末）に、法《ハフ》美《ミ》郡宇治山に産すといひ、紀伊続風土記（巻六十九）に、牟婁郡栗栖《クルス》ノ荘芝村、又（巻七十二）同郡佐本《サモト》ノ荘西栗垣内村、又（巻八十）同郡三里郷一本松村等に産する事を載す、此外越後、信濃、石見、土佐、筑前等にも産す、一名山グリ（詩経名物弁解）梶原グリ（石見）といふ、大抵牟婁郡に産する物は、其山を年々一度づつ焼く、其焼株より出る新芽に実のるなり、七月の末より、十月頃まで、本中末と三度に熟するを云なり、三度花を開きて実を結ぶ物にはあらず、皆其地の名産とすれど、何れの国にも産するなるべし」である。

右の『桃洞遺筆』に引用されている『本朝食鑑《ほんちょうしょっかん》』（小野必大《おのひつだい》の著、元禄十年［1697］出版）巻之四の文を仮名交りに書いてみれば、「上野州下野州ニ山栗アリ極メテ小ニシテ一年ニ三度、栗ヲ収ム故に三度栗ト号ス其味ヒ佳ナラズト為サズ此類《タグヒ》ノ山栗ハ諸州ニ在レドモ亦極メテ小キナリ是レ古ヘノ柧栗《ササクリ》乎」である。

元来栗は中国の産である、クリこそは日本にあるが栗は日本にはない。学名でいえば中国の栗は Castanea mollissima *Blume*（=*Castanea Bungeana* Blume）であって Chinese Chestnut の俗名を有し、和名はシナグリ（支那グリ）一名アマクリ（甘クリ）であり、日本のクリは Castanea crenata *Sieb. et Zucc.* であって Japanese Chestnut の俗名をもっている。そして中国の栗は同国の特産で日本には産せず、日本のクリは日本の特産で中国には産しない。だから中国の書物にある柧栗または杭子を我がサ、グリにあて、茅栗を我がシバグリにあて、板栗を我がタンバグリにあて、山栗を我が中《チュウ》グリにあてるのはみな間違いで、これらはことごとく支那栗すなわち甘《アマ》クリの内の品種名たるにほかなく、断じて我が日本のクリに適用すべき名ではないことを銘記していなければならない。

搗《カチ》グリというものがある。カチとは舂《つ》くことで、すなわちクリの実を干し搗いて皮を去りその中実《なかみ》（胚を伴うた子葉）を出したものである。それには普通にシバグリを用うる。シバグリとは柴グリの意で小さいクリである、すなわち上の三度グリなどはみなシバグリであり、三度グリならずとも野山のクリにはシバグリが多い。たとえその樹が高大になってもシバグリはやはりシバグリたることを失わない。これについて上の『本朝食鑑』栗の条下に次の如く書いてある。今分り易く原漢文を仮名交り文にする。「搗栗《ウチクリ》加知久利《カチクリ》ト訓ズ、熟栗ノ連殻ヲ取テ日日晒乾シ皺ムヲ待テ内チニテ鳴ル時、臼ニ搗テ紫殻及ビ内濇皮ヲ去ルトキハ、則チ外ハ黄皺、内ハ潔白ニシテ堅シ、其味ヒ極メテ甘シ、若シ軟食セント欲セバ則チ熱湯ニ浸シ及ビ熱灰ニ煨シテ軟キヲ待テ食シ以テ乾果ノ珍ト作ス、山栗ノ微小ナル者ヲ用テ之レヲ造ルモ亦佳ナリ、或ハ断肉蔬飡ノ時搗栗ヲ以テ鰹節ニ代フレバ能ク甜味ヲ生ズ、今正月元日及ビ冠婚規祝ノ具之レヲ用テ以テ物ニ克ツノ義ニ取ル、古ヘハ丹波但馬ヨリ主計寮ニ献ズ、近代ハ江東ニ多ク之レヲ造ル、京師海西ニ伝送シ最モ美ト称ス、今丹但ノ産甚ダ少クシテ好カラザル也、一種打栗ト云フ者アリ、好搗栗ヲ用テ蒸熟シ布ニ裹ミ鉄杵ヲ以テ徐徐ニ之レヲ打テ平団ナラシメ、而シテ青栢葉ニ盛テ以テ珍ト為ス、此レ本朝式ニ所謂平栗子耶或ハ曰ク搗栗ハ脾胃ヲ厚クシ腎気ヲ滋スノ功最モ生栗ニ勝レリ、好デ食スベシト、此モ亦理アルニ似タリ」

右『本朝食鑑』よりずっと後に出版せられた『倭漢三才図会』によれば、「老《ヒネ》タル栗ヲ用ヰ殻ヲ連ネテ晒乾シ稍皺バミタル時臼ニ搗《ツ》キテ殻及シブ皮ヲ去レバ則チ内黄白色ニシテ堅ク味甜ク美ナリ或ハ熱湯ニ浸シ及ビ灰ニ煨シテ軟キヲ待テ食フモ亦佳シ或ハ食フ時一二顆ヲ用テ掌ニ握リ稍温ムレバ則チ柔ク乾果ノ珍物ト為ス也以テ嘉祝ノ果ト為スハ蓋シ勝軍《カチク》利《リ》ノ義ニ取リ武家特ニ之レヲ重ンズ」（漢文）と書いてあるが、これは主として前の『本朝食鑑』によって書いたものである。

ここに珍らしいクリにハコグリ（箱グリの意）というのがあって、まれに見受けられる。『本草綱目啓蒙』栗の条下に「江州ニ一毬ニ七顆アルアリ、ハコグリト云毬ノ形四稜ニシテ闊シ」と書いてある。岩崎灌園の『本草図譜』巻之五十九にそれが出ているが、その図は良好であるとはいえない。江戸で六角トウというと書いてあるが、これはどうも灌園がその図によってよい加減に拵えた名であると私は感ずる。

このハコグリが今東京都練馬区東大泉町五百五十七番地なる私宅の庭に育っている。これは藪を切り開いてこの宅地を設けるとき、偶然その樹を藪中に発見したので、これは珍らしいと保存したものである。その毬彙《イガ》はシバクリ式で小さく、まだ熟せぬ前からそれが開裂してまだ緑色の堅果を露出している。堅果は小形で中央に三顆一列に相並び、その左側に二顆、右側に二顆、都合七顆が相接して箱の中、いや毬彙内に詰っている。まれに八顆あることもある。熟すと無論栗色を呈する。その学名は Castanea crenata *Sieb. et Zucc.* var. pleiocarpa *Makino* である。

朝鮮のワングルとカンエンガヤツリ

カヤツリグサ科の中にカンエンガヤツリ（灌園蚊屋釣の意）という緑色一年生の大きなカヤツリグサ一種があって Cyperus Iwasakii *Makino* の学名を有する。これは岩崎灌園の著『本草図譜』巻之七にその図が出て、灌園はそれを「水莎草《すいしょうそう》（救荒本草　磚子苗注）水生のかやつりぐさなり苗葉三稜に似て陸生「牧野いう、陸生の意味分らぬ」より長大なり高さ三四尺武州不忍の池に多し」と書いている。ただしこれを単に名のみしか書いてない右『救荒本草』の水莎草にあてるのはじつによい加減な想像で、なんら信拠するに足らないものである。しかしそれはそれとして、とにかく灌園が初めてこの図を公にした功を称え、先きに上の記念学名を発表したゆえんである。

このカンエンガヤツリは元来日本の植物ではなく、それは南鮮方面の原産である。同国ではこれを莞草《カンチョウ》、すなわちワングルまたはワンコル（Wangkul）と称え、人によってはタタミガヤツリの名をつくっている。これ筵席を織って経済的に利用している著明な草本で、京畿の江華、全南の宝城、慶北の金泉、軍威等はその名産地だといわれる。そして日本人間では右の筵席を一般に江華筵として知られていると村田懋麿《しげまろ》氏の『土名対照鮮満植物字彙』(昭和七年〔1932〕発行)に出ている。同書ならびに大正十一年(1922)に朝鮮総督府学務局で発行になった森為三氏の『朝鮮植物名彙』にその学名をば Cyperus exaltatus *Retz.* としてあるが、それは確かに間違っている。

日本、殊に東京付近では、折りにふれて時々このカンエンガヤツリが臨時に繁殖する面白い現象があることに留意すべきだ。すなわちそれは或るしばしの年間は繁殖していても、間もなくそこにそれが絶え、さらにまた突然と生えて繁茂している。そしてその繁殖場所はこれが水生植物であるがゆえに、いつも水の区で、すなわち池、濠あるいは河沿いの溜水池である。東京上野公園下の不忍池では往時から幾度もその繁殖の消長を繰り返している。上の灌園の文にも不忍池に生じていたことがあり、私も明治二十何年かに大いにそれが繁殖してヌマガヤツリ(Cyperus glomeratus *L.*)と共に生えていて松田定久君と共に心ゆくまで採集したことがあったが、その時たまたまこれらの莎草科品の大当り年であった。その後同池ではあるいは生えあるいは消えその消長は常なかったが、大正十五年(1926)の秋にもまた大いに繁殖した。それを今は故人となった緒方正資《まさすけ》君が、その年十一月発行の『植物研究雑誌』第三巻第十一号に「エヂプトノパピルスヲ想起セシムルくわんゑんがやつり」と題して写真入りで報じ「今年［大正十五年］東京上野公園下ノ不忍池ニ発生シタ灌園《クワンエン》がやつりノ大群落ニ出会タ人ハ誰レカ歎声ヲ放タザルモノアリヤト問ヒタイ、蓋シ本年ハ不忍池ノ水ヲ乾カシタノデ池ノ中央部ノ方ガ浅クナツタ為メカ例年ハ池畔ニ僅ニ其形骸ヲ現ハスニ過ギザリシ此大莎草ガ池ノ真中ノ方マデ突進シテ蓮ノ中間ニ列ヲナシテ発生シテ居ルノハ実ニ偉観タルヲ失ハナイ、一体此灌園がやつりナルモノハ吾国ニ矢鱈ニ見付カルモノデハナイ現ニ不忍池ノモノモ年ニヨリテ隆替《リュウタイ》シ殆ンド其形ヲ認メザル年スラアル、而シテ朝鮮ニハ本植物（即チ莞草）ガ繁生シ此偉大（三乃至四尺）ナル茎ヲ以テ席ヲ織ルソウダ、ソコデ牧野先生ハ本植物ハ元来吾国ニハナク遠ク渡リ来ル水鳥ガ時々朝鮮辺カラ其実（極メテ砕小ナ大キサノモノデアル）ヲ持ツテ来ルノデハアルマイカト云フ想像説ヲサヘ吐カレツヽアル」と述べてある。

また明治二十何年頃、東京麴町区三番町沿いの御濠にも一叢《ひとむら》大いに繁殖していたことがあって喜んで採集したが、その丈けはおよそ五尺〔一・五メートル〕ほどにも成長していた。また同じく明治二十年頃小岩村江戸川寄りの水沢地でも出会った。

右のように本品はその生育場所に永続性がなく、そこに生えていたかと思うとその翌年は見られなくなるまぼろしガヤツリである。元来は一年生植物（annual）だが、それがあたかも多年生本（perennial）の如く意外に大形にかつ強壮に成長する。したがって果穂も大きく繁く、その小穂（spiculae）もじつに無数に出来ているから非常におびただしい実が稔る訳である。それゆえそれが豊産の翌年にはその場所の辺には大繁殖を見ねばならん理屈だ。が、しかしそううまくゆくこともあるにはあるが、また何かの原因でそうゆかないこともあるらしい。とにかくこのカヤツリ草は日本の土地に腰が据らないのが事実で、どうも縁がない。つまり居心地が悪く、ゆえにチョット一時寄留するに過ぎない草のようである。

私の考えるところでは、何がその実を日本へ持って来るのかというと、風か、否な、それは疑いもなく水禽《ミズドリ》であろう。何んの水禽か。私は鳥類には全くの素人であるから分らんが、多分雁か、鴨などのような渡り鳥が秋の末にこのカヤツリ草の繁茂している朝鮮などの田甫で食物を漁さるとき、泥にまじったこの草の細かいその実すなわち種子様小堅果を偶然に脚へ着けるか、あるいは羽の間へはいったのをそのまま日本へ飛んできて、この地で新たに食物を求め捜がすとき、自然それを池などへ落すのである。そしてこの事実が始終繰り返されているのである。

以上書いた事実は、従来まだ誰もが説破しなかったものであった。

ついでに書いてみるが、上の岩崎灌園の『本草図譜』巻之七にはカヤツリグサ科植物が十一種載っている。先に大沼宏平君がその学名を校訂して刊行の『図譜』に書いているが、誤謬があるから今ここに右大沼君の校訂をさらに校訂してみよう。

荊三稜《けいさんりょう》　みくり（和名鈔）↑（大沼是）
おほかやつり↑（大沼是）
莎草香付子《しょうそうこうぶし》　はますげ（本草和名）↑（大沼是）
一種　水莎草（救荒本草　磚子苗注）↑（大沼非、これはカンエンガヤツリだ）
一種　かやつりぐさ↑（大沼是）
一種　陸生云々↑（大沼非、これはヒナガヤツリだ）
一種　苗葉云々↑（大沼非、これはヌマガヤツリだ）
一種　水辺に生じ云々↑（大沼非、これはタマガヤツリだ）
一種　苗小云々↑（大沼非、これはアオガヤツリだ）
一種　かうげん↑（大沼是）
一種　苗小くして云々↑（大沼是）

本書の植物につき大沼君の学名校訂には随分と間違いがある。この書をひもとく人は心すべきだ。

無憂花

無憂花と呼ぶ植物がある。この無憂花の名は無論仏教関係の方々には先刻御承知のはずだが、一般の人々には不慣な名であるので、したがってそれが何物であるのか、よく分らないでいることが多いと思う。しかしかの九条武子さんの著書の『無憂華』で世人は大分その無憂華の名を記憶したのだろう。

この無憂花は無憂華とも無憂華樹《ムユウゲジュ》とも無憂樹とも称する有名なインドの花木であるが、またそれがマラッカならびにマレー諸島にも産する。マメ科の常磐木で Saraca indica *L.* の学名を有し、また *Jonesia Asoka* Roxb. の異名もある、そしてその俗名を Asoca Tree または Sorrow-less Tree（悲みのない樹の意）と呼ばれている。

『淵鑑類函《えんかんるいかん》』に『彙苑詳註《いえんしょうちゅう》』を引いて「無憂樹ハ女人之レニ触レバ花始テ開ク」（漢文）とある、また『翻訳名義集』には「阿輸迦［牧野いう、アソカ Asoca］ハ或ハ阿輸柯ト名ク、大論ニ無憂華樹ト翻ヘス、因果経ニ云ハク、二月八日ニ夫人毘藍尼園ニ住ミ、無憂華ヲ見テ右手ヲ挙テ摘ミ、右脇ヨリ出デタマヘリ」（漢文）とある。そしてこれを無憂樹と称するのは、釈迦が毘藍尼園の該樹下で誕生したとき、母子ともに何んの憂いもなかったので、そこで無憂樹といったとのことである。

このアソカすなわち無憂花はカイトラ月の十三日（九月二十七日）ウラパジにおいて仏を礼拝するヒンヅー人にとって真に神聖なる樹である。この樹の花は四月五月の季間極めて美麗に咲き誇りかつその佳香が夜中でも薫じているので諸処の寺院ではそれを装飾花として仏前に供える。またその花は恋の象徴すなわちシムボルで、それを恋愛の神であるカーマ（Kama）に捧げられる。

梵歌によれば、この樹の性質ははなはだ敏感で、美人の手がそれに触れれば、たちまち花がひらいてあたかも羞じらうように赤い色を呈するといわれている。前文にある「無憂樹ハ女人之レニ触レバ花始テ開ク」も蓋しこの意であろう。

薬用方面ではその樹皮に多くタンニン酸が含まれ、種々に用いられるが、その中で土地の医者は子宮病の中で殊に月経過多を療するに用うることがある。また花は搗き砕いて水に交ぜ、出血赤痢を治すのに使用せられる。

この樹は小木で直立し、枝は非常に多くて四方に拡がり常緑の繁葉婆娑として蔭をなしすこぶる美観を呈している。葉は短柄を有して枝に互生し、偶数羽状複葉で長さおよそ一尺ばかり、小葉は三ないし対をなし披針形で全辺、葉質硬く平滑で光沢がある。嫩葉は軟薄で紅色を呈し、葉緑を欠いでいて下垂しその観すこぶる面白味があり、ちょうど Amherstia nobilis *Wall.*（マメ科、カザリバナ）、Mesua ferrea *L.*（オトギリソウ科、タガヤサン、鉄刀木?)、Mangifera india *L.*（ハゼノキ科、マンゴー、芒果）、Polyalthia（バンレイシ科）等諸樹の嫩葉と同様である。花は一月から五月の間に開き佳香がある。多数の花が球形の繖房花を形成し、腋生しならびに枝頭に密集してひらき、初めは橙黄色だが次第に紅を潮しついに赤色に変じ一花叢のうち両色交ごも相雑わり、これが暗褐色の枝条ならびに深緑色な葉に映じて美麗な色采を見せている。その状チョット山丹花《サンダンカ》を見るようだ、そしてこの花満開の姿を望むと、植物界にはこれに超すものは無かろうと感ずる。

花は小梗を具え、その梗頂、花に接して二片の葉状有色の苞があって心臓状円形を呈している。

花には花冠がない、萼が花冠様を呈し、その下部は肉質で実せる筒をなし、その喉部に環状の密槽花盤があり、雄蕊も雌蕊もそこから出ている。舷部は漏斗状を呈して四深裂し、各片は広楕円形をなして平開している。

雄蕊は通常七本で長く超出し小形の葯を着けている、雌蕊は一本でその長さ雄蕊と等しく、長い花柱の本に有柄の子房がある。

莢果は長さ六寸〔一八センチ〕ないし一尺〔三〇センチ〕ぐらいで少しく膨れ、長刀形で四ないし八顆の種子を容れている。そしてこの莢の未熟なときは肉質で赤色を呈している、種子は長楕円形で平扁、長さ一寸五分〔四・五センチ〕ばかりもある。

この植物はインドの各地で種々な土言があるが、なかんずくベンガルではアソク、アソカといい、ボンベイではアショク、アソク、アソカ、ヤスンジと呼ばれる。梵語ではアシヨカ、カンカリ、カンケリ、ヴハンジュウ、ヴハンジュルドルマ、ヴィショカ、ヴィタシヨカと称えられる。

アオツヅラフジ

私は今植物学界の人々ならびにその他の人々に向かってアオツヅラフジの名を口にすることを止めよ！ と絶叫するばかりでなく、それを止めるのが正道で、止めぬのは邪道であると公言することを憚らない。何んとなればツヅラフジ科の Cocculus trilobus *DC.*（＝*Cocculus Thunbergii* DC.）は断じてアオツヅラフジではないからである。

しからばそのアオツヅラフジとは一体どんな植物か、すなわちそれはアオカヅラ（『本草和名』、『本草類編』、『倭名類聚鈔』）、一名アオツヅラ、一名アオツヅラフジ、一名ツヅラカヅラ、一名ツヅラフジ、一名ツヅラ、一名ツタノハカヅラであって普通にはツヅラフジと称える。すなわちこれを学名でいえば Sinomenium diversifolium *Diels* で、もとは *Cocculus diversifolius* Miq. と名づけられたものだ。Menispermum acutum *Thunb.* が多分この植物だろうと私も疾く独自に考えて Sinomenium acutum *Makino* として大正三年

（1914）十二月東京帝室博物館刊行の『東京帝室博物館天産課日本植物乾腊標本目録』でそう発表しておいたが、これに先だって *Sinomenium acutum Rehd. et Wils.* の名も公にせられた。しかし私の考えでは、右の Thunberg の記載したものが果たしてツヅラフジに相違ないか如何。今同氏の原記載文を精読してみてもどうも少々腑に落ちない点もあるので、これはどうしても Thunberg の原記載文を産んだ原標品を見ないと、確信をもってこれを裁断することは出来ないと思っている。

今日植物界で Cocculus trilobus *DC.* をアオツヅラフジと呼んでいる誤謬を世人に強いたのはかの小野蘭山であって、彼の著『本草綱目啓蒙』でそうした。全く蘭山が悪いので、どうも蘭山ともあろう大学者がツヅラフジの認識を誤っているとは盛名ある同先生にも似合わないことだ。そしてその当時から幾多の学者があってもその目は節穴同然で、誰もその非を唱えたものはなかったが、しかし一人紀州の畔田《くろだ》翠山《すいざん》は偉い学者で、このツヅラフジをよく正解しこれを彼の著『古名録《こめいろく》』に書いて、その正しい名を世人におしえた。すなわちそれはカミエビであった。このカミエビは多分神蘡薁の意であろうと思うが、カミはあるいは別の意味かも知れない。ゆえに今日アオツヅラフジの名を誤称している人々は早速にそれをカミエビの名にかえて呼び、もって昨非を改め今是とすべきだ。重ねていうが、Cocculus trilobus *DC.* はアオツヅラフジではなくてカミエビである。そしてアオツヅラフジはまさにツヅラフジの名であることを牢記すべきである。

蘭山は上に書いたように Cocculus trilobus *DC.* の名を間違えてアオカヅラすなわちツヅラフジとしたので、蘭山はツヅラフジへ別に名をこしらえ新たにこれをオオツヅラフジといわねばならなかった。これはじつは屋上さらに屋を設くの愚を敢えてしたもので、畢竟このオオツヅラフジの名は全く不要な贅名である。何となればこのオオツヅラフジは取りも直さずツヅラフジそのものであるからである。世人はこのイキサツを知らないから蘭山の説に盲従してオオツヅラフジの名を呼んでいるが、このオオツヅラフジはツヅラフジでよいのである。つまり蘭山はツヅラフジを間違えそれをよく正解しておらず、その名をCocculus trilobus *DC.* のものだと思違いしていたのである。そして世人はその思違いの名を有難く頂戴していた、イヤいる訳だ。

今これを分りやすくハッキリと書き分けてみれば次の通りとなる。

○アオカヅラ、アオツヅラ、ツヅラカヅラ、ツヅラフジ、ツヅラ、ツタノハカヅラ、メクラブドウ、フソナ

Sinomenium diversifolium *Diels* (= *Sinomenium acutum* Rehd. et Wils.) = *Cocculus diversifolius* Miq.

これを漢防已《カンボウイ》にあてているが中《あた》らない。

○カミエビ、チンチンカヅラ、ピンピンカヅラ、メツブシカヅラ、ヤブカラシ（同名がある）、ハクサカヅラ、ウマノメ、ヤマカシ

Cocculus trilobus DC.（= *Cocculus Thunbergii DC.*）これを木防已にあてているが中らない。

ついでに記してみるが、『本草綱目啓蒙』防已の条下に「今花戸ニ一種唐種漢防已ト呼ブ者アリ葉形オホツヅラフヂニ似テ薄ク色浅シ蒂モ微シク葉中ニヨル根ハ細ク色黄ニシテ内ニ白穣アリテ車輻解ヲナサズコノ草ハ諸州深山ニモアリ勢州ニテ、コウモリヅタト呼ビ越前ニテ、コツラフヂト云」との文があって、唐種漢防已とコウモリヅタ［牧野いう、コウモリカヅラのこと］とを同種だとしているのは誤りで、この二つは全然別種である。漢防已はけっして我が日本には産しないから右の『啓蒙』の記すところは全く間違っている。この『啓蒙』にはこんな誤謬が書中いたるところに見出さるるのは遺憾である。櫛をつくる材をモチノキ属のイヌツゲだとしているなどは中にもその誤りの大きなものであって、黄楊のツゲすなわちホンツゲが泣いていることが聞えんだろうか。

ゴンズイ

ミツバウツギ科の落葉小喬木にゴンズイという雑木があって山地の林樹にまじって生じ、枝に奇数羽状複葉を対生し一種の臭気を感ずる。秋にその蒴果《さくか》が二片に開裂するとその内面が赤色で美しく一、二の黒色種子が露われる。『本草綱目啓蒙』によればゴンズイのほかにキツネノチャブクロ、スズメノチャブクロ、ウメボシノキ、ツミクソノキ、ハゼナ、クロハゼ、ダンギナ、ハナナ、ダンギリ、タンギ、クロクサギ、ゴマノキの名がある。所によると、その嫩葉を食用にするのだがあまり美味なものではない。書物によるとゴンズイに権萃の当て字が書いてある。

我国の本草学者はかつてこのゴンズイを中国の樗にあてていたが、それはもとより誤りであって、この樹の本当の漢名は野鴉椿である。しかし以前からこの樹をゴンズイと呼んでいる訳は別にどの書物にも書いてないようだが、それは私の考えるところではそうでないかと思われる。すなわちそれは前にこのゴンズイを樗にあててあって、その樗はいわゆる「樗櫟之《ちょれきの》材《ざい》」で、この材は一向役に立たぬ樹であると評せられている。それでこれを樗であると思いこんだこの植物を役立たぬ樹すなわちゴンズイだと昔の人が名づけたのではなかったろうかと私は想像する。

それでは役立たぬこの樹がどういう意味合いでゴンズイであると唱えられるのかというと、元来このゴンズイとは食料として余り役立たない魚であるので、その役立たぬ魚の名すなわちゴンズイを、役立たぬと思惟せられたこの樹に対して利用したのではないかと考える。そのゴンズイというのはどんな魚かと詮議してみると、それはゴンズイ科に属する小さい海魚で、細長い体は長さ数寸、口に八本の長い髭を具え、体の色は青黒くその両面に各二条の黄色縦線が頭から尾まで通っており、背鰭と胸鰭とに尖き刺があって、もしさされるとひどく疼むから人に嫌われるが、それでも浜の漁民は時に強いて食することがある。こんなに小さくてかつ無用な魚であるから昔から江戸の魚市場へは出さないので、この魚を一つに江戸見ずゴンズイと呼んだもんだ。国によってはまたクグあるいはググの方言もある。しかしゴンズイの語原は全く不明でその意味は判っていない。

辛夷とコブシ、木蘭とモクレン

古来どの学者でも辛夷《シンイ》をコブシであるとして疑わず涼しい顔をしており、また従来どんな学者でも木蘭《モクラン》をモクレンで候《そうろう》としてスマシこんでいるのは笑わせる。辛夷は中国特産植物専用の中国名すなわち漢名であって、一つに木筆とも称せられる。コブシ（*Magnolia Kobus DC.*）は日本の特産で全然中国にはない。中国にない植物に中国名のあろうはずがない。単にこの一事をもってみても我が日本産のコブシが中国植物の辛夷ではあり得ない理屈だ。そして右のように結論するのが理の当然で、これで古来永くズルズルと来ていたこの問題は潔よく解決した。そしてコブシはコブシであってけっしてこれを辛夷とは書くべからずだ。

モクレン（Magnolia liliflora *Desr.*）は昔中国から渡り来った落葉灌木性の庭園花木である。そしてこのモクレンの和名がもとは木蘭かあるいはその一名の木蓮から来たものであるとしても、それは無論名実を誤ったもので、中国の本当の木蘭そのものはけっしてこんな落葉灌木ではなく、この落葉灌木のモクレンこそこれが真の辛夷である。故にモクレンの漢名はまさに辛夷と書くべきであって、断じて木蘭と書くべきではないのである。繰り返していえばモクレンは辛夷、辛夷はモクレンであると心得るべきだ。

従来日本の諸学者が辛夷をモクレンだと気づかなかった迂闊さにはじつに驚くのほかはない。例えば『秘伝花鏡』『八種画譜』の図を見ただけでもそれが直ぐに判かるのではないか。

それでは木蘭とはどんなものか。それは中国の湖北省西方からいわゆる蜀《しょく》の地の四川省にかけて生ずる常緑の大喬木（高さ五、六丈〔一五〜一八メートル〕）の名であって、蓮花のような美花を発らき蘭花のような佳香があるといわれる。その心材が黄色なので黄心樹［牧野いう、我国の学者はよい加減な想像でこれをオガタマノキと誤認している］の一名がある。そしてその材では舟がつくられ木蘭舟の語がある。鄭樵《ていしょう》の『通志略《つうしりやく》』にはその書中の「昆虫草木略」において「木蘭ハ林蘭ト曰ヒ杜蘭ト曰フ、皮ハ桂ニ似テ香シ、世ニ言フ、魯斑ガ木蘭舟ヲ刻ミ七里洲中ニ在リ、今ニ至テ尚存ス卜凡詩詠ニ言フ所ノ木蘭舟ハ即チ此レナリ」（漢文）と記してある。この蘭は無論 Magnolia 属《〔ママ〕》の一種ではあるがその種名は私に未詳である。

今上の説を一括して解りやすくその要領を述べてみれば次の通り。

コブシ（Magnolia Kobus *DC.*）は日本の特産で、中国にはない落葉喬木である。そして全然漢名はないから、これを辛夷というのは絶対に間違っている。

モクレン（Magnolia liliflora *Desr.*）は中国の特産で、辛夷がまさにその名である。落葉灌木で庭園の鑑賞植物である。そしてこれはけっして木蘭ではない。

木蘭（Magnolia sp.）はこれまた中国の特産で、高さ数仞に達する常緑の大喬木である。そしてもとより和名はない。

万年芝

今日はかつて昭和九年（1934）六月発行の雑誌『本草』第二十二号に発表せる左の拙文「万年芝の一瞥」を図とともに転載するために筆をとった。

万年芝の一瞥

マンネンタケはいわゆる芝すなわち霊芝《レイシ》の一つで、菌類中担子菌門の多孔菌科に属し

Fomes japonica *Fr.* の学名を有するものである。これはその菌蓋《カサ》普通はその柄がその蓋の一方辺縁の所に着いているが、その多数の中にはその柄が菌蓋の裏面正中に着いて正しい楯形を呈するものが珍らしくない。そしてこの楯形品と普通品との間にはその中間型のものを見ることとけっして珍らしい現われではない。私は今このような種々の型の標品を所蔵しているが、これはかつて常州の筑波山の売店で多数これを買いこんで来たものである。また私は幾年か前にこの楯形型のものを播州で得たこともあった。

マンネンタケには別にサイハイタケ、カドイデダケ、カドデダケ、キッショウダケ、レイシなどの芽出度い名もあれば、またマゴジャクシ、ネコジャクシ、ヤマノカミノシャクシなどの形から来た名もある。

中国の説では芝には五色の品があるということだ。この五色芝は小野蘭山は「仙薬ニシテ尋常ノ品ニ非ズ其説ク所尤モ怪シク信ズベカラズ」と書いているが、それはまさにその通りであろうと思う。

我国の学者は上のマンネンタケを霊芝の中の紫芝にあてている。これは『本草綱目』に芝に五品あるとしてこれを青芝、赤芝、黄芝（金芝）、白芝（一名玉芝、素芝）、紫芝（一名木芝）に別っており、その紫芝をマンネンタケにあてたものである。

中国の書物の『秘伝花鏡』の霊芝の文を左に紹介しよう、なかなか面白く書いてある。

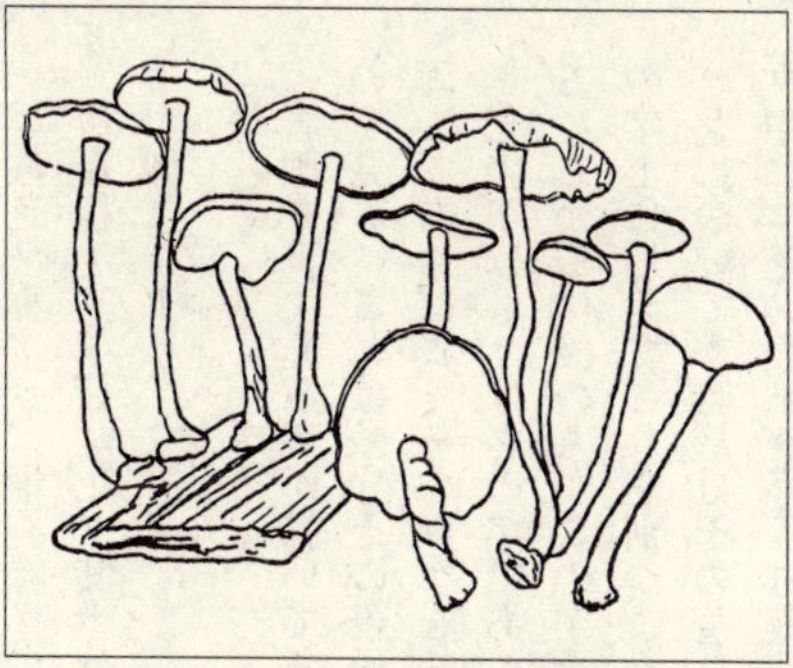

マンネンタケの種々の形状

霊芝、一名ハ三秀、王者ノ徳仁ナレバ則チ生ズ、市食ノ菌ニ非ラズシテ、乃チ瑞草ナリ、種類同ジカラズ、惟黄紫二色ノ者、山中常ニアリ、其形チ鹿角ノ如ク或ハ繖蓋ノ如シ、皆堅実芳香、之レヲ叩ケバ声アリ、服食家多ク採テ帰リ、籮ヲ以テ盛リ飯甑ノ上ニ置キ、蒸シ熟シ晒シ乾セバ、蔵スルコト久フシテ壊レズ、備テ道糧ト作ス、又芝草ハ一年ニ三タビ花サク、之レヲ食ヘバ人ヲシテ長生セシム、然レドモ芝ハ山川ノ霊異ヲ稟テ生ズト雖ドモ、亦種植スベシ、道家之レヲ植ル法、毎ニ糯米飯ヲ以テ搗爛シ、雄黄鹿頭血ヲ加ヘ、曝乾ノ冬笋ヲ包ミ、冬至ノ日ヲ候テ、土中ニ埋メバ自ラ出ヅ、或ハ薬ヲ灌イデ老樹腐爛ノ処ニ入レバ、来年雷雨ノ後、即チ各色ノ霊芝ヲ得ベシ、雅人取テ盆松ノ下、蘭蕙ノ中ニ置ケバ、甚ダ逸致アリ、且能ク久シキニ耐テ壊レズ、（漢文）

であって、これに付けて五色芝、木芝、草芝、石芝、肉芝の諸品が挙げられ、そのあとに下の文章がある。

芝ハ原ト仙品、其形色変幻、端倪スベキナシ、故ニ霊芝ノ称アリ、惟有縁ノ者之レニ遇フコトヲ得ルノミ、採芝図所載ノ名目ニ拠ルニ、数百種アリ、茲ニ止ダ其十分ノ三ヲ録シ、以テ山林高隠ノ士、服食ヲ為ス参巧ノ一助ニ備フルナリ、(漢文)

唐画中によく霊芝が描いてあるが、いつもその菌蓋上面に太い鬚線が描き足してあるのを見る。これは多分その蓋面へ松の葉が墜ちているに擬したものであろうか。これは画工であればよくそのワケを知っているであろう。

芝の字はもとは之の字であって、これは篆文《てんぶん》に草が地上に生ずる形に象っての字である。しかるに後の人がこの字を借りてこれを語辞としたので止むを得ず、ついに艸をその字上に加えてこれを別つようにしたとのことであると見えている。

芝について李時珍はその著『本草綱目』の芝の「集解《しっかい》」にこれを述べているが、その文中に「芝ノ類甚ダ多シ亦花実アル者アリ、本草ニ惟六芝ヲ以テ名ヲ標ハス然レドモ其種属ヲ識ラズンバアルベカラズ、神農経ニ云ク、山川雲雨四時五行陰陽昼夜ノ精以テ五色ノ神芝ヲ生ジ聖王ノ休祥ト為ル、瑞応図ニ云ク、芝草ハ常ニ六月ヲ以テ生ズ春青ク夏紫ニ秋白ク冬黒シト、葛洪ガ抱朴子ニ云ク、芝ニ石芝木芝肉芝菌芝アリテ凡ソ数百種ナリ云々」(漢文)の語がある。

按ずるに中国で芝と唱えるものはその範囲がすこぶる広く、中には無論マンネンタケのような菌類もあるが、なお他の異形の菌類もある。また海にある珊瑚礁の一種であるキクメイ石の如きものも含まれているようである。また玉《ギョク》のような石もあり、また方解《ホウゲ》石《セキ》のようなものもありはせぬかと思われる。また菌形を呈した寄生植物などもあるようである。

雑誌『本草』誌上の文は右で終っているが、今いささかそれへ書き足してみれば、上の楯形をしたマンネンタケへ対し私は forma peltatus（これは楯形の意）の新品名を設け、これを Fomes dimidiatus（*Thunb.*）*Makino*, nov. comb.（=*Boletus dimidiata* Thunb. Fl. Jap. p. 348, tab. XXXIX. 1784）forma peltatus *Makino*（Stipe inserted to pileus centrally or excentrically.）と定め、そしてそれをカラカサマンネンタケと新称する。川村清一博士の『食菌と毒菌』ならびに『日本菌類図説』、朝比奈泰彦《やすひこ》博士監修の『日本隠花植物図鑑』、または広江勇博士の『最新応用菌蕈学』等の諸書にはこの楯形を呈した品すなわち forma は一向に書いてないところをもってみると、菌学者もあまりこれを見ていないようだ。

右 Thunberg 氏の著 Flora Japonica（1784 我が天明四年刊行）の書に出ている記載文を伴ったマンネンタケの図を同書から写して左に掲げてみる。これは西洋の書物に載っている本菌最初の写生図である。

先年私は広島県安芸の国の三段峡入口で銀白色を呈していたマンネンタケ一個、その菌

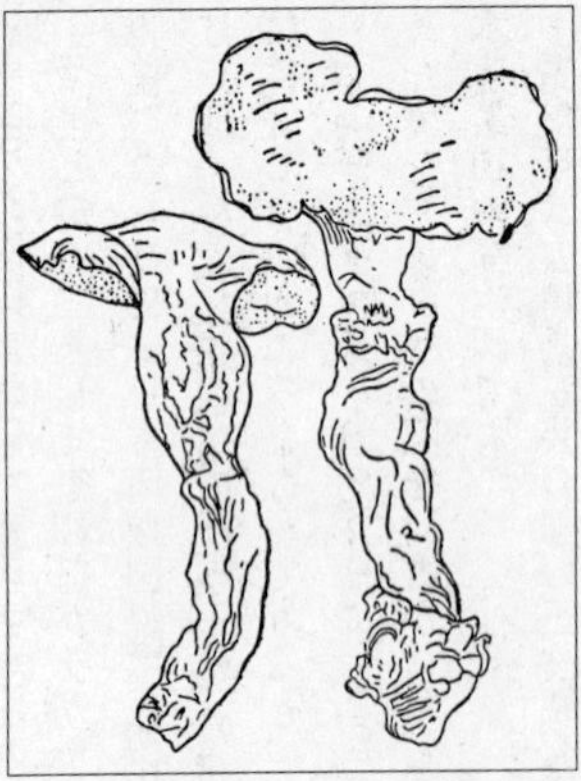

Boletus dimidiatus *Thunb.*
Mannen Taki
（*Thunberg*, Fl. Jap. p. 348, tab. XXXIX）
Fomes dimidiatus *Makino*（nov. comb.）
マンネンタケ

蓋の直径およそ十センチメートルばかりのものを得て東京に持ち帰った。その菌体の色から私はこれをシロマンネンタケと号けたが、その学名は未詳である。多分一つの新種に属するものであろうと想像するが、そのうち菌学専門家に聴いてみたいと思っている。

オリーブとホルトガル

昔蘭学時代にはオリーブ（Olive）すなわちオレイフ・ボーム（Olive-baum）のことをホルトガルといった。寛政十一年（1799）出版の大槻玄沢《おおつきげんたく》（磐水《ばんすい》）の著『蘭説弁惑《らんせつべんわく》』に図入りで出ている。そしてその油すなわちオリーブ油をホルトガルの油と呼んだ。それはホルトガル船が持ち渡したからで、またその樹も同じくホルトガルと称えた次第だ。

我国の徳川時代における本草学者達はヅクノキ一名ハボソを間違えて軽率にもそれをオリーブだと思ったので、今日でもこの樹をホルトノキ（ホルトガルノ木の略）と濫称しているが、それは大変な誤りだ。そしてこのヅクノキをオリーブと間違えるなんて当時の学者の頭はこの上もなく疎漫で鑑定眼の低かったことが窺われる。ヅクノキの葉は互生で鋸歯があり裏面が淡緑色であるから、オリーブの葉の対生で全辺で裏面が白色であることと比較すれば直ぐその違いが判るのではないか。無論オリーブとヅクノキとは科も異なりオリーブは合弁花を開くヒイラギ科に属し、ヅクノキは離弁花のヅクノキ科に隷《れい》する。そしてオリーブは地中海小アジア地方の原産で東洋には全く産しなく、したがってこれを中国の橄欖にあてるのはこの上もない間違いである。しかしそれをどうして間違えたのかというと、その果実の外観から西洋人はその橄欖をChina Oliveと呼んでいるもんだから、中国で『バイブル』初刊本の『旧約全書』（清国同治二年すなわち我が文久三年西暦1863年に江蘇滬邑美華書館刊行）を中国の学者が訳する際にそうしたもんだ。すなわちその文章は創世記の条下に「又待至七日。復放鴿出舟。及暮。鴿帰就挪亜。口啣橄欖新葉。挪亜知水已退於地」とあり、そしてその誤訳の文字が間もなく我国に伝わったのである。早くも明治十二年（1879）に植物学者の田《た》代安定《しろあんてい》君が当時博物局発行の『博物雑誌』第三号でその誤謬を喝破している。けれどもなお今日でもその余弊から脱し切れずに文学者などは往々橄欖の語を使い、また坊間の英和辞書などでもよくOliveに橄欖の訳語が用いられている。

誠に学問の進歩に対し後れ返ったことどもで、日は最早や午に近く高う昇っているから早く灯火を消したらどうだ！

冬の美観ユズリハ

ユズリハはその葉片にも無論美点はあるが、冬に至るとその太き長き葉柄が殊のほか紅色を呈して美わしくなる。葉片と枝とは緑色であるからこれに反映しての葉柄美は特に目立ち、ユズリハは全く冬の植物であることを想わせる。葉柄の前側には狭長な縦溝路があり、葉は質が鈍厚で表面は緑色を呈するが、裏面は淡緑色で常に或る菌類が寄生し、諦視すると細微な黒点を散布している。またある白色黴の菌糸が模様的に平布して汚染《しみ》のように見える、すなわちこれらがその葉の裏面の状態である。詳かに検して見るとなかなか興味のあるものである。

ユズリハは譲り葉で、その時季に際すれば旧葉が枝から謝すれば、早速その上方に新葉が萌出して旧葉に代わるからそういわれる。タブノキなどの葉でも矢張り同じく新陳代謝はするが、その中にもユズリハが最も目立って著明である。

正月にユズリハを飾るのは譲るの意である、すなわち親は身代を子に譲り、子はまた身代を孫に譲り、もって子々孫々相襲いで一家を絶させんようにと祈ったものだ。

ユズリハの葉は大形常緑で、その中脈は葉の上面にも隆起するが、しかし殊に下面に著しい、支脈は多数で羽状に並んでいる。

ユズリハの枝を取りそれを上方より望み見ればその葉が車輪状に四方に拡がり出で、したがってその赤き葉柄も四方に射出して見え、外方は緑葉、内方は赤葉柄で特に美しく眺められ棄てたものではないと感ずる。

ユズリハは諸州の山地に自生があるが、また庭樹としても植えられてある。また葉柄は時に淡紅色のものもあればまた淡緑色のものもある。この淡緑色の品をアオユズリハと称する。

正月にユズリハを飾るのは、譲るの意で、親は子に譲り、子は孫に譲り、子々孫々相襲いで一家を絶えさせんようにと祈ったものである。この点からみるとユズリハは芽出度い木である。松竹梅に伴わさしてもよかろう。

私の庭には今二本のユズリハの木があるが、その葉が美わしく茂って、万歳を寿ほぎしているかのように見える。

解説　自然を師に自学自修を貫いた碩学の輝き

大場秀章

本書は、植物学者牧野富太郎が、太平洋戦争が終ってほぼ一年が過ぎた昭和二一年八月一七日から、毎日一題ずつ一〇〇題を書き溜めた随筆集である。ときに牧野は八四歳だった。

その生涯

牧野富太郎は日本で最も名を知られた植物学者ではないだろうか。私が学童だった頃には小学生向きに編集された伝記もあり、私もそれを読んだ記憶がある。まず初めに、牧野富太郎の生い立ちを紹介しよう。生まれは文久二（一八六二）年、家は高知県佐川村の酒造も営む古い商家だった。不幸にも、慶応元（一八六五）年には父、同三年には母を亡くし、以後は祖母で賢婦の誉れ高い浪子に育てられた。彼は長男だった。当時、まだ学校制度はなく、八歳で寺子屋、翌年からは漢学の大家、伊藤徳裕（蘭林）の私塾に学んだ。一〇歳には郷校「名教館《めいこうかん》」にも通い、西洋算術、物理学、万国地理学などを習い、また英語学校の生徒ともなった。一二歳のとき、やっと佐川に小学校が設立され入学するが、そこでの勉学に飽き足らず自然に退学した。その頃から植物採集に夢中になり、小野蘭山の『重訂本草綱目啓蒙』を取り寄せ、植物の名前を覚えることに熱中したという。

一九歳になる明治一四（一八八一）年、第二回内国勧業博覧会の見物や書籍、顕微鏡などの購入に上京し、文部省博物局に博物学の泰斗田中芳男を訪ねたり、採薬地として名高い日光や箱根、伊吹山などを訪ね、自らも植物採集した。帰郷後はひと月にも及ぶ県内での採集旅行を行うが、同時に自由民権運動にも積極的にかかわったことが知られている。

二二歳になる明治一七（一八八四）年に牧野は再び上京をするが、そのとき東京大学理学部植物学教室に出入りを許された。同年以降、帝国大学（明治一九年、東京大学を改称）理科大学助手となり東京に居住するようになる、明治二六（一八九三）年まで、牧野は東京と高知の間を往復した。明治四三（一九一〇）年には休職扱いとなるが、四五（一九一二）年に帝国大学理科大学講師となった。以降、昭和一四（一九三九）年に大学へ辞表を提出し退職するまで牧野はその職にあった。しかし、退職後も在職中と変わりなく植物の分類と研究に没頭し、また各地で実地に植物の観察や分類法を指導し、多くの著作を著すなど多忙な日々を送った。丈夫でかなりの無茶にも耐えた牧野だったが、八七歳を過ぎる頃から病気で寝込むことが次第に多くなり、昭和三二（一九五七）年に東京で九四年に及ぶ生涯を閉じた。

本書の構成と特色

本書は先にも述べたように、書かれたのは昭和二一（一九四六）年だったが、初版本が刊行されたのは、名誉都民となった昭和二八（一九五三）年三月で、牧野九〇歳のときだった。いずれにしても著者晩年の作品であり、長年にわたり蓄積された深い造詣と蘊蓄のほどが随所に滲み出た、余人をもってはまず不可能な珠玉の作品といえる。

本書を読むのにとくに拘泥すべき順はなく、読者はどこから読み始めても、また拾い読みしてもかまわないように思う。ここでの著者は、植物万般に触れるというより、筆が向いた対象はむしろかなり限定的でさえある。本書中、最も多いのは名実考と呼べるジャンルのもので、「馬鈴薯とジャガイモ」、「百合とユリ」、「藤とフジ」、「楓とモミジ」、「桜桃」、「孟宗竹の中国名」、「紫陽花とアジサイ・燕子花とカキツバタ」など、日本の植物に用いられてきた漢名が誤用であることを指弾したものが多い。また、「万葉集のイチシ」などの万葉もの、「イタヤカエデ」、「オリーブとホルトガル」も、日本での植物名の誤認・誤用が指摘される対象についての名実考的論考といえるだろう。多くはないが、「狐ノ剃刀」、「ワルナスビ」、「ハナタデ」などのタデ類についての記述は、分類解説と呼べるものだ。「紀州高野山の蛇柳」、「日本で最大の南天材」、「種子から生えた孟宗竹」などは名物考といえるだろし、「センジュガンピの語源」、「マクワウリの記」、「インゲンマメ」などは、語源考と呼べよう。また、多くはないが「小野蘭山先生の髑髏」や「キノコの川村博士逝く」では牧野の人物評価が判って興味深い。さらに、「無花果の果」、「イチョウの精虫」、「茶樹の花序」、「蜜柑の毛・バナナの皮」など、植物学上の新知見紹介や著者の発見を述べた項目が加わる。こうした項目での論考には牧野ならではの独創性も加わり、本書の価値を大いに高めるものになっている。

日本の学問の特質を具現する「名実考」の系譜

「馬鈴薯とジャガイモ」、「楓とモミジ」、「孟宗竹の中国名」、「紫陽花とアジサイ・燕子花とカキツバタ」は、本書中でも読み応えがある部類に属するが、いずれも当該植物に当てている漢字表記が誤りであることを正すとともに、旧説を墨守する人々の膏肓ぶりを鋭く批判するものになっている。

日本の学問には中国、続いて西洋から輸入された学説を基礎に発展してきた、という特徴がある。植物学も例外ではなく、何しろ江戸前期の儒学者・本草家《ほんぞうか》、貝原益軒が、日本には中国にはない特産の植物があることを自著の『大和本草』で指摘するまで、日本に産する植物はすべて中国にあるものと考えられてきたくらいだ。そのため、中国でかく呼ばれる植物は何物かを考究することが、日本の植物の名称確定、ひいては分類に欠かせないことと考えられたのである。これは植物に限らず動物や鉱物など、すべての物事にいえることであり、日本の学問ではこれを考究する「名実考」に大きな比重がおかれてきた。名実とは名称と実質のことであり、名実考とはある名称で呼ばれているものが何かを考察しその正体を明らかにすることである。

中国では近年にいたるまで、薬草を研究する「本草学」が植物の多様性とその分類にかかわる研究をリードしてきた。本草書に記載された薬草や薬物の日本名（和名）を決める作業は、平安時代の九一八年頃に成立したと推定される深根（深江）輔仁《すけひと》選述の『本草和《ほんぞうわ》名《みょう》』、同じく九三五年頃の源　順《みなもとのしたごう》選述の『倭名類聚抄《わみょうるいじゅしょう》』を嚆矢とする。とくに江戸時代は、徳川幕府の初代将軍家康が健康維持に腐心し本草書に関心を抱いていたこともあって、中国からの本草書の輸入と中味の分析が盛んであった。研究の中心に位置づけられたのは明時代に李《り》時《じ》珍《ちん》が著した『本草綱目』で、その日本での研究を集大成したのが、本書でも紹介される小野蘭山であった。

蘭山の著作『本草綱目啓蒙』に代表されるように、研究では本草書に記載された植物の実態が何かが検討されるとともに、それを日本で何と呼んでいるかも大きな課題であった。蘭山は文献渉猟にとどまらず、各地を旅行して厖大な方言名を採録し、この課題に応えた。

近代の植物学者である牧野富太郎もこうした名実考の系譜に連なる一人である。植物学を学ぶ過程で、牧野は和書のみならず漢籍をも渉猟し、日中の古今の植物名に誰よりも通暁していたのである。幼時に伊藤蘭林の漢学塾に学んだことは牧野の漢籍読解力を大いに鍛えたにちがいない。モウソウチクの中国名が孟宗竹ではなく、狸頭竹であることを考証するために、元代の文人李衎《りかん》の『竹譜詳録《ちくふしょうろく》』全七巻を精読できる漢文への素養、加えてそれを読了する精神力こそが牧野ならではの蘊蓄の源泉となっているのはまちがいない。さらに、牧野が最初に植物研究のための参考としたのが蘭山の『本草綱目啓蒙』であったことも、その後の牧野の植物研究に少なからぬ影響を及ぼしたであろう。

名実考の危うさ

牧野は中国に産しない日本特産の植物には中国（漢）名はないとした。だから日本のサクラを桜桃と書くことは許さなかったし、アジサイを紫陽花あるいは八仙花と表記することも論外であった。

名実考的研究には二つの大きな検討課題がある。ひとつはその中国名で呼ばれる植物が何かという正体解明である。もうひとつは、その名を付与された日本の植物との異同や、それが中国には産しないという地理分布を明らかにすることである。牧野は、中国の桜桃は中国特産で日本にはない一果樹であって花木ではないとし、日本のサクラは果樹ではないからこの点でも桜桃がサクラでないことが判るではないかと書く。しかし、現在では桜桃すなわちシナミザクラは、日本に産するサクラのひとつ、オオヤマザクラに近縁とも考察され、タイザンフクンやホウキザクラといった栽培品種の作出の片親ではなかったかと考える説さえある。つまり牧野が言明するほどには桜桃をサクラに当てるのは誤りとはいい切れず、広義に解すればあながちそれは誤りではない、ともいえるのである。

牧野が植物学者としての道を歩み始めた頃は、本草学やそれに関心をもつ研究者の間で名実考的な論考が広く行われており、牧野もそれとは無縁ではありえなかった。ただ、牧野は名実考のもつ危うさを知っていたにちがいない。だからこそ、彼は様々な研究手法を採用し、日本の植物についての研究を発展させたのだろう。

牧野が名実考的な手法を用いて本書でいいたかった真意は、漢名は中国の名だから日本の植物をわざわざ漢字で表記する必要はなく、一切をカナで書けばそれでなんら差し支えないということだった。

牧野は習慣のように、植物名に漢字を用いるのはもはや時代遅れであり、「東方日出でてなお灯を燃やす愚を演じては物笑いだ」といい、さらに「自分の国での立派な名がありながら他人の国の字でそれを呼ぶとはまことに見下げた見識であり、この旧態然たる陋習を株守している人々が世間に多く」、これでは決して文化的または科学的な行き方とはいえまいといい切る。

牧野の随筆の面白さのひとつは、表現の急速な、かつなりふり構わぬエスカレートぶりにあるが、本書でもそうした「牧野ぶり」は随所で遺憾なく発揮されている。

ヒマワリ

牧野の植物をみる目は虚心であり、真摯である。それだけに後世からは誤謬の指摘もしやすい。だが、書かれたものが批判できるかたちになっていることこそ科学的である証しであり、それこそが牧野の随筆の核をなしているといえるのではないだろうか。牧野は植物を分類することに熱中しただけではなく、植物のかたち、成長や生活ぶり、さらには振舞いなどを観察することにも熱心だった。そうした観察によって生まれた珠玉の作ともいえるのが、「無花果の果」、「茶樹の花序」であり、「ヒマワリ」もそのひとつだ。

ヒマワリはコロンブスの新大陸到達後まもなく、スペイン人がヨーロッパに持ち帰り、世界中に広まった。ヒマワリがヨーロッパに到着した頃、花（正しくは頭状花序）が太陽の動く方向に首を回す不思議な花だといううわさが広がり、「太陽について回る花」と呼ばれるようになった。ヒマワリ（日回）の和名も、漢名向日葵もその意味でつけられた名で、牧野もこの向日伝説を、中国清代の『秘伝花鏡』を引用して読者に伝えるだけでなく、牧野自身ヒマワリの花の動きを観察し、一九三二年に『植物研究雑誌』という学術雑誌に「ひまはり日ニ回ラズ」という論文を書いた。

牧野は、東に向って咲いている花はいつまでも東に向っており、西に向って咲いている花はいつまでも西向きになっていると書く。しかし、ヒマワリは何の障害物もない空間に植えればいつも東に向って咲く。なぜ東向きに咲くかは未だ十分に明らかにはされてはいないが、これは事実である。だが、牧野が西向きに咲くヒマワリもあると書いているのは観察の誤りではなく、おそらく日陰や軒下など何らかの障害物がある空間に植えられたヒマワリを観察したことに起因した結論だったにちがいない。もし南欧やコーカサスのヒマワリ畑のような何も遮るものがないところに植えたヒマワリを観察したら、牧野はすべてが東向きに咲くとの結論を下したであろう。

牧野の記述は観察結果を正しく表現してはいるが、栽培条件によって回転や向きのちがいが起きる可能性にまでは注意が払われていなかったのだ。科学的随筆は随筆といえども事実をゆるがせにはできないし、正しいとしたことも後には誤りとされることもあるという宿命を負っている。

これは余計なことだが、私は牧野のヒマワリを読みながら、もし牧野がヒマワリが決って東向きに咲くという事実を突き止めていたとしたら、その原因をどのように考えようとしただろうか、と思うのだ。ヒマワリはまだ舌状花がほころぶ前までは首を東西に振ることが判っている。成長とともに東向きに固定されるのだが、成長を追う観察まで牧野はつき進んだだろうか。

一体に植物学者の著述には、当然といえば当然だが、植物をもっぱら植物学の視点で観察・論考したものが圧倒的に多い。それにたいし、牧野の著述は植物を植物学の視点だけからではなく、あらゆる視点からとらえるものになっている。だから、植物の種一つ一つにたいして多様なアプローチを採っていることが多い。この立場を貫徹すれば、ツバキ学、アジサイ学など、植物の種数だけ学問は存在することになろう。哲学にカント哲学やハイデガー哲学があり、経済学にケインズ経済学やマルクス経済学の別があるように、こうした立場からの植物学はアプローチのちがいにより牧野植物学とか三好植物学などと、研究者名を冠して呼ぶことができるだろう。

牧野植物学の特色を知ろうとすれば、牧野富太郎が書いたものを直接読むほかない。本書の真価もそこにあるといってよい。

こうした学問を展開した牧野自身にも、未だ多くの人が興味や関心を抱いている。それは植物学という学問の歴史的意義からというよりも、牧野その人自身の個性の輝きからくる魅力によっていよう。本書を読んで改めて感じるのは、学問における強烈な個性の輝きは時代とともに薄くなっていることである。それに拍車をかけているのが、学問自体が、個人の研究というよりは組織の研究になり、没個性化が進んでいることである。そうした傾向は今後ますます強くなっていくであろう。横溢する牧野の魅力には時代が生んだ側面もあるが、彼生来の部分も少なくない。彼の書く文章も個性的である。抵抗を覚える人もあろうが、それでも激情のほとばしりには圧倒されるにちがいない。私は思う。本書は色々な意味でもはや古典の域に達していると。

165, 230-231
有用植物図説（田中芳男・小野職愨著，1891）　215
用薬須知（松岡恕菴著，1726）　82

ら　行

蘭説弁惑（大槻玄沢著，1799）　288
蘭品（松岡恕菴著，一）　77, 251
旅塵（吉井勇著，1944）　257
料理物語（寛永版）　201
〈リンネ協会雑誌〉Journal of the Linnean Society　(137), 138

わ　行

倭漢三才図会（寺島良安編纂，1715）　30, 37, 82, 109-110, 147, 166, 168, 218, 235, 264, 267
和語本草＝和語本草綱目（岡本為竹編，1698）　168
和名鈔　25, 264, 272　→倭名類聚鈔
倭名類聚鈔（源順撰，930-938）　17, 25-26, 30, 52, 81, 105, 117, 119, 122, 179, 190, 197, 243, 248, 276

主な参考文献
（人名索引関係を含む）

天野元之助著『中国古農書』（1975年，東京，龍渓書舎）
上野益三著『日本博物学史』（1973年，東京，平凡社）
岡西為人著『本草概説』（1977年，大阪，創元社）
北村四郎著『北村四郎選集Ⅳ　花の研究史』（1990年，大阪，保育社）
Boerner, Franz: Taschenwörterbuch der botanischen Pflanzennamen. 4. Aufl. (Verlag Paul Parey, Berlin u. Hamburg 1989)
Needham, Joseph: Science and Civilisation in China. Vol VI: 1 Botany. (Cambridge University Press, Cambridge 1986)

250
本草綱目（李時珍著，1596）　68, 80, 82, 104, 114, 119, 123, 148-149, 156, 168, 175, 190, 197, 207, 235, 284, 286
　若水本の――　50
本草綱目記聞（田村西湖口義，―）216
本草綱目啓蒙（小野蘭山著，1803）18, 31, 52, 59, 63, 75, 110, 119, 128-129, 167, 175, 251, 264, 267, 277, 279-280
本草図譜（岩崎灌園著，1824）20, 49, 52, 61, 110, (133), 134, 169, 267-268, 271
本草正譌（松平君山著，1776）231
本草訳説＝本草綱目訳説（小野蘭山著，写本）　251
本草薬名備考和訓鈔（丹波頼理著，1807 年）　175
本草類編＝本艸類編日本勅号記〔康頼本草〕（丹波康頼撰，995）81, 276
本草和名（深江輔仁著，成立 918）17, 26, 29, 52, 63, 81, 105, 118, 170, 179, 222, 272, 276
本朝高僧伝（卍元師蛮著，自序 1702）　74
本朝食鑑（小野必大著，1697）264-267
本朝世事談綺（菊岡沾涼著，1734）166
翻訳名義集（法雲撰，宋代）　75, 273

ま 行

牧野植物学全集（全 6 巻：1934-1936）
　第 2 巻（1935）　220
　第 6 巻（1936）　84, 106, 181
〈牧野植物混混録〉（全 13 号：1946-1952／第 9 号：1948）　255
牧野日本植物図鑑（牧野富太郎著，1940）　159-160, 214, 261
万葉集（大伴家持編纂，奈良中期）96-97, 101, 115, 117, 120, 163, 176, 178, 197
万葉集訓義弁証（木村正辞著，自序 1856）　25
万葉集略解（橘千蔭著，成立 1800）121
夢渓筆談（沈括著，1086／1091）251
無憂華（九条武子著，1927）　273
名医別録（陶弘景著，510）　119
明月記（藤原定家著，1180-1235 の間）　200
毛詩名物質疑（井岡冽筆述，未刊）113
藻塩草（月村斎宗碩著，室町時代）102, 233
文徳実録＝日本文徳天皇実録（藤原基経著，完成 879）　58

や 行

大和本草（貝原篤信著，1709）37, 72-73, 79, 88, 101, 110, 119, 162, 165, 204, 221, 230-231, 264
大和本草批正（小野蘭山著，未刊）

52, 108, 277
桃洞遺筆（小原良直編輯，1833） 264
土佐国産往来（一，写本） 261

な 行

長崎両面鏡（順天大山崎〔一舗〕，一） 109
日光山志（植田孟縉〔十兵衛〕著，1837） 159
日光山名跡誌（鷹橋義武著・菊岡沾凉画，1828） 159
日本隠花植物図鑑（朝比奈泰彦監修，1939） 287
日本菌類図説（川村清一著，1929） 139, 287
日本産物志＝日本産物志前編（伊藤圭介著，1873／1876（美濃部）／1877） (155), 208
日本釈名（貝原益軒著，1700） 28
日本森林植物誌 Forest Flora of Japan（サージェント著，1894） 261
日本森林樹木図譜（白沢保美著，1911-1912） (73)
日本竹譜（片山直人著，1883） 240
日本博物学年表（白井光太郎著，1891） 49 →改訂増補日本博物学年表，増訂日本博物学年表
日本有用海産植物（遠藤吉三郎著，1903） 199
日本有用魚介藻類図説（妹尾秀実・鐘ヶ江東作・東道太郎著，1910） 199
女人堂高野山心中万年草〔心中万年草〕（巣林子作，初演 1708） 36

は 行

博物館列品目録，天産部植物類（博物局編，1870） 51
〈博物雑誌〉 289
八種画譜（黄鳳池撰，1710） 282
埤雅（陸佃著，1096） 104
秘伝花鏡（陳淏子著，1688） 63, 79, 87, 93, 114, 205, 207, 219, 221, 230, 241, 282, 284
夫木集＝夫木和歌抄（藤原長清撰，成立 1310） 34-35
豊国紀行（貝原益軒著，成立 1694） 87
扶桑名勝詩集（吉田元後編，1680） 34
物品識名（水谷豊文著，1809） 175
物品識名拾遺（水谷豊文著，1825） 61
物理小識（方以知著，1664） 165-167, 169
フロラ・ヤポニカ〔日本植物誌〕Flora Japonica（ツューンベリ著，1784） 287, (288)
フロラ・ヤポニカ〔日本植物誌〕Flora Japonica（シーボルト〔&ツッカルーニ〕編，1835-1870） 113
文芸類纂（榊原芳野著，1878） 208
抱朴子（葛洪著，4 世紀） 286
本州旧跡志 34
〈本草〉 151, 283, 287
本草記聞（小野蘭山口授，写本）

74, 109
植物名彙（松村任三編著，1884）
→改正増補植物名彙
植物名実図考（呉其濬著，1848）
（14），15，18，（19）
汝南圃史（周文華撰，1620） 79
新撰字鏡（昌住著，成立818-901）
22，25-26，55，95，179
新訂草木図説（飯沼慾斎著，田中芳男・小野職慤増訂，1875） 64，68，258
神都名勝誌（神宮編，写本） 162
神農経〔神農本草経（陶弘景著）に基づいて編録された一書とされる〕 286
瑞応図（孫柔之撰，一） 286
図経本草（蘇頌等撰，1062） 175
盛京通志（董秉忠編，清代） 213
尺素往来（一条兼良撰，室町中期）
168
摂津名所図会（秋里湘夕著・竹原春朝斎画：1796） 161
説文＝説文解字（許慎撰，121）
22
山海経（撰者未詳，周・前漢）
251，253
仙覚抄＝万葉集註釈（仙覚著，1269） 101
箋註倭名類聚抄（狩谷望之著，1827） 198
鮮満植物字彙＝土名対照　鮮満植物字彙（村田懋麿著，1932） 171，269
増訂日本博物学年表（白井光太郎著，1908） 49
増補地錦抄（伊兵衛〔伊藤伊兵衛〕著，1710） 259
草木図説（飯沼慾斎著，1861）
61-62，64，（64），66，172，（173），175，214，231，258

た 行

〈大学紀要〉＝東京大学理学部紀要
42
大言海（大槻文彦編，1932-1937）
63，70，92-93，110，214
大広益会玉篇（陳彭年等増補，宋代） 22
大字典（上田万年等編，1917） 25
玉かつま〔玉勝間〕（本居宣長著，1795-1812） 102-103
地錦抄付録（伊兵衛〔伊藤伊兵衛〕撰，1733） 263
竹譜詳録（李衎撰，1299） 240，（242）
茶園栽培問答（新川県発兌，1874）
69-70
チャレンジャー航海報告書 136
中国樹木分類学（陳嶸著，1937）
239
朝鮮植物名彙（森為三著，1922）
269
朝鮮賦（董越撰，明代） 59
通志略＝通志（鄭樵著，1150）の一部 282
筑波集＝菟玖波集（二条良基撰，成立1356） 163
坪井竹類図譜（坪井伊助著，1914）
239
庭訓往来（作者不詳，室町初期）
264
東京帝室博物館天産課日本植物乾腊標本目録（東京帝室博物館，1914）

164
綺語抄（藤原仲実著，平安末期） 102
救荒本草（周定王撰，1406） 15,(15),99,192,206,248,268,272
旧約全書 289
玉篇（顧野王編纂，一） →大広益会玉篇
菌譜（坂本浩然著，自序 1834） 184-185,(185)
訓蒙図彙（中村惕斎著，1666） 24,221,235
渓蛮叢笑（朱舗撰，宋代） 244
言海（大槻文彦著，1891） 149,214
元亨釈書（虎関師錬著，成立 1322） 73-74
原色園芸植物図譜（石井勇義著：第1-6巻，1930-1934） 231,253
原色海藻図譜（岡田喜一著，1934） 203
原色日本海藻図譜（東道太郎著，1934） 203
小石川植物園草木図説（伊藤圭介・賀来飛霞編輯，1881） 113
衡嶽志（鄧雲霄撰，1582） 165-166,168
康熙字典（張玉書編纂，1716） 150
後撰集＝後撰和歌集（清原元輔・紀時文・大中臣能宣・源順・坂上望城撰，撰進 951） 232
高野山独案内（大林保著，1894） 33
古今集＝古今和歌集（紀友則・紀貫之・凡河内躬恒・壬生忠岑撰，撰進 905） 260
五雑組（謝肇淛撰，明代末期） 168
古泉大全（今井貞吉著，1888） 145
古名録（源〔畔田〕伴存輯著，完成 1843） 277
昆虫草木略＝昆虫艸木略（鄭樵著・小野蘭山校訂，1785） 282
昆陽漫録（青木文蔵〔昆陽〕著，1763） 59

さ 行

最新応用菌蕈学（広江勇著，1941） 287
栽培植物便覧 Manual of Cultivated Plants（ベイリー著，1924） 99,222
爾雅（郭璞増補・注，300）
詩経（編者未詳，前 9-前 5 世紀） 119,177
詩経名物弁解（江村如圭纂述，1731） 265
〈実際園芸〉 129
趣味から見た藻類と人生（岡村金太郎著，1922） 200
松渓県志（一，1800） 12,14
食菌と毒菌（川村清一著，1931） 287
食経（崔禹錫著，梁代） 197,264
食物本草（汪穎著，1571） 37
食物本草（李東垣編輯，元代） 171
〈植物学雑誌〉 32,134
〈植物研究雑誌〉 35,42,129,181,185,217,220,238,257,262,269
植物渡来考（白井光太郎著，1929）

書名・雑誌名索引

書名の次の（　）内に，著編者と刊行年を併記した．
書名・雑誌名の通称には，＝以下に補足をした．
雑誌名には〈　〉を付した．

あ行

彙苑詳註（王世貞撰，1575）　251，273
伊勢参宮按内記（度会忠如著，1707）　162
伊勢参宮名所図会（秋里湘夕撰・蔀関月編画，—）　162
潮来図誌（二峰編，1839）　151
因幡志（安部惟親編録，1795）　265
異物志（曹叔雅，—）　105
異物志＝南州異物志（万震，270-310の間）　105
英華字典　An English and Chinese Dictionary（ロブスチード，1866-1869）　68，183
越後名寄（丸山元住輯，未刊）　200，202
絵本野山草（橘保国著，1755）　24
淵鑑類函（張英等編，1710）　273
延喜式（藤原時平等編，成立927）　197，199
大分県紀行文集（森平太郎等編，1939）　88

か行

花彙（島田充房・小野蘭山編，1765）　77，251
海外奇聞〔廻国奇観〕 Amoentitatum Exoticarum（ケンフェル著，1712）　234
海産植物学（遠藤吉三郎著，1911）　198
改正月令博物筌（鳥飼洞斎著，1806）　201
海藻と人生（岡村金太郎著，—）　198，201
開拓使官園動植品類簿（開拓使編，1873）　220
改訂植物名彙（松村任三著，1895）　82，208
改訂増補日本博物学年表（白井光太郎著，1934）　12
花譜（貝原篤信編録，1698）　79
広東新語（屈大鈞著，1690）　100
雁皮栽培録（梅原寛重著，正篇1882／続篇1892）　210
紀伊続風土記（仁井田好古著，1839）　34，167-168，265
紀伊国名所図会（高市志久・加納諸平・神野易興等撰，1812／1838（高野山の部）／1851）　35，161，

105, 119, 122, 179, 190, 197, 243
宮部金吾（1860-1951）　260
三好学（1861-1939）　51
ミケル　Friedrich Anton Wilhelm Miquel（1811-1871）　252
村田懋麿　170, 269
本居宣長（1730-1801）　102
守田宝丹　145
森為三（1884-?）　269
森平太郎　88

や 行

矢田部良吉（1851-1899）　134
山崎正董　50
山上憶良　96
山田幸男（1900-1975）　201
吉井勇（1886-1960）　257

ら 行

李衎　240, (242)
陸佃　104
李時珍（1518-1593）　68, 80, 82, 104, 119, 123, 148, 175, 190, 207
李東垣〔李杲〕（1180-1251）　171
レーダー　Alfred Rehder（1863-1949）　125
魯班　282
ロブスチード＝ローブスチャイド R. W. Lobscheid　68, 183

田代安定（1857-1928）　289
橘千蔭（加藤千蔭：1735-1808）　121
田中延次郎（1864-1905）　56
田中芳男（1838-1916）　68, 98, 215-216
田村西湖（元長）　216
丹波頼理　175
張騫（?-前114）　127
陳嶸　239
陳淏子　79, 93, 114, 205, 207, 221, 241
陳蔵器　171
坪井伊助　239
津山尚（1910-　）　223
ツューンベリ　Carl Peter Thunberg（1743-1828）　277, 287, (288)
鄭樵（1104-1162）　282
寺島良安　37, 109-110, 147, 166, 168, 218, 264
東垣　171　→李東垣〔李杲〕
陶弘景（452-536）　119, 148, 171
道邃　74
ドーデ　Louis Albert Dode（1875-1943）　126
杜牧（803-852）　204
鳥飼洞斎　201

な 行

中井猛之進（1882-1952）　49
永沼小一郎　118
中村惕斎（1629-1702）　220
日蓮上人（1222-1282）　71
野尻抱影（1885-1977）　148
野村宗男　186

は 行

白楽天（白居易：772-846）　243-244
万震　105
東道太郎　199, 203
久内清孝　35, 257
平瀬作五郎（1856-1925）　42
広江勇（1905-　）　287
深江輔仁／深根輔仁　17, 26, 29, 52, 63, 105, 118, 170, 179, 222
福田紫城　88
ベイリー　Liberty Hyde Bailey（1858-1954）　125, 222

ま 行

マキシモイッチ　Carl Johann Maximowicz（1827-1891）　125, 210
牧野富太郎（結網：1862-1957）　33-34, 37, (48), 49, (66), 74, 82, 103, 105, 113, 134, 149, 159-161, 165-166, 200-201, 250-251, (252), 264, 268, 270, 273, 279, 282
松岡恕菴（玄達：1668-1746）　76-77, 82, 251
松崎直枝　56
松田定久（1857-1921）　269
松平君山（秀雲：1697-1783）　231
松村任三（1856-1928）　82, 208-209
水谷豊文（助六：1779-1833）　61, 175
源　順（911-983）　17, 26, 30, 52,

か 行

貝原益軒（篤信，損軒：1630-1714） 28, 37, 73, 79, 87-88, 101, 110, 119, 162, 165, 204-205, 221, 230, 264
柿本人麻呂　101
賀来飛霞（1816-1894）　113
片山直人（1840-1896）　240
葛洪（?283-?343）　286
鐘ヶ江東作　199
川村清一　32, 138-140, 184-185, 287
菊岡沾涼　166
救済法師　163
九条武子（1887-1928）　273
栗本丹洲（瑞見：1756-1834）　12
畔田翠山（伴存：1792-1859） 277
ケンフェル＝ケンペル Engelbert Kaempfer（1651-1716）　234
小泉源一（1883-1953）　18
弘法大師＝空海（774-835）　34-35, 52
呉其濬　15, 18
小柳司気多　150

さ 行

崔禹錫　197, 264
榊原芳野（?-1881）　208
坂本浩然（1800-1853）　184-185, (185)
佐々木喬（1889-1969）　53
サージェント Charles Sprague Sargent（1841-1927）　261
佐野藤右衛門　85
沢田武太郎（1899-1938）　262
ジェラード John Gerade（1545-1611）　243
シーボルト Philipp Franz von Siebold（1796-1866）　(48), 49, 113, 210
島田充房（雍南）　77
島津吉貴　239
清水藤太郎（1886-1976）　238
釈迦　74
周定王　248
昌住　22, 25, 95, 179
白井光太郎（1863-1932）　12, 26, 32, 36, (48), 49-50, 74, 109, 134-135, 209
白沢保美（1868-1947）　(73)
ジレニウス＝ディレニウス Johann Jacob Dillenius（1687-1747）　91
ズナル＝デュナル Michel-Félix Dunal（1789-1856）　234
関根雲停（1804-1877）　(252)
妹尾秀実　199
曹叔雅　105
宗奭＝寇宗奭　82
宗碩＝月村斎宗碩（1474-1533） 102, 233
巣林子＝近松門左衛門（1653-1724） 36
蘇恭＝蘇敬　119, 264
蘇頌（1020-1102）　175

た 行

代宗　217
武田久吉（1883-1972）　198
鷹橋義武　159

人名索引

人名の次の（　）内は，幼名または号と，生没年を併記した．
図版の説明文は，（　）付きノンブルで示した．
正式名は，＝を介して併記した．

あ　行

青木昆陽（文蔵：1698-1769）　59
朝比奈泰彦（1881-1975）　287
飯沼慾斎（長順：1783-1865）　61, (64), (66), 172, 214, 231, 258
井岡洌（1778-1837）　113
石井勇義（1892-1953）　60, 157, 231, 253
石井光春（1884-1968）　30
一条兼良　168
伊藤伊兵衛（政武）　259, 263
伊藤圭介（錦窠：1803-1901）　113, 208
伊藤　隼　159
稲生若水（稲若水，稲宣義：1655-1715）　50
今井貞吉　144-146
岩崎灌園（常正：1786-1842）　20, (48), 49, 52, 61, 110, 134, 169, 267-271
隠元（1592-1673）　110, 211-213
上田万年（1867-1937）　25
植田孟縉（十兵衛）　159
梅原寛重（1843-1911）　210
栄西＝千光国師（1141-1215）　73-74
英宗　217
遠藤吉三郎　198
遠藤善之　174
汪穎　37
大久保三郎（1857-　）　134, 136
大槻玄沢（磐水：1757-1827）　11, 288
大槻文彦（復軒：1847-1928）　63, 70, 92, 110, 214
大沼宏平（1859-1927）　169, 271-272
岡田喜一（1901-　）　203
緒方正資　269
岡村金太郎（1867-1935）　107, 198, 200
小野必大（野必大，人見必大：1641-1701）　265
小野職慤（薫山：1843-1890）　68, 215-216
小野蘭山（職博：1729-1810）　11, 14, 18, 31, 50, 52, 63, (69), 75-77, (76), (77), 110, 123, 128, 165, 167, 175, 230, 250-251, 264, 277-278, 284
小原桃洞（良貴：1746-1825）　264-265
小原良直（八三郎：1797-1854）　168
恩田経介（1889-1972）　91, 149, 198

ヤ 行

ラ 行

ワ 行

主な参考文献

牧野富太郎著『牧野日本植物図鑑　改訂版』（1952年，東京，北隆館）
北村四郎著『北村四郎選集II　本草の植物』（1985年，大阪，保育社）

ハ　行

マ　行

ノイモ
シバグリ　柴グリ　266
ジャガイモ　洋芋　11-17,(13)
ジャケツイバラ　144
ジャコウソウ　麝香草　250-252,(252)
ジャコウソウ属　Chelonopsis　252
ジャコウソウモドキ　253
ジャヤナギ　蛇柳　32-36
シュウカイドウ　秋海棠　77-79,(78)
シュユ　茱萸　92-93
シュロ　棕櫚　221-223　→トウジュロ，ワジュロ
ショウキラン　254
ショウブ　白菖，白菖蒲　151,(153),195-196
シロウリ　越瓜　156
シロザ　灰藋　27-28
シロバナササゲ　214
スイカ　西瓜　109-111,225-226
セイヨウミザクラ　西洋実ザクラ　237
セキショウ　菖蒲　195-196
センジュガンピ　158-160
センジュギク（テンリンカ，アフリカン・マリゴールド）　千寿菊　231
センノウ属　Lychnis　158

タ　行

タニジャコウソウ　252
タブノキ属　Machilus=Phoebe　234
チャ　45-47
チャ属　Thea　47
チャンチン　椿　146-147
チョウセンガリヤス　Wangul　119
チョウセンゴミシ　玄及，朝鮮五味子　235
ツクネイモ　仏掌藷　183,215-216,218
ツクバネソウ　117,120
ツチハリ　土針　117-120　→コブナグサ
ツヅラフジ　277-279
ツバキ　146-147
ツバキ属　Camellia　47
ツルモ　121
テウチグルミ　手打グルミ　127
テンリンカ　231　→センジュギク
トウジュロ　唐棕櫚　222
ドクムギ　毒麦　53-55
ドルステニア　Dorstenia　40

ナ　行

ナガイモ　薯蕷　181-183,215-218
ナガイモ属　Dioscorea　183
ナシ　梨　225-226
ナシウリ　梨瓜　156
ナス属　Solanum　90
ナツズイセン　254-255
ナワシログミ　胡頽子　94,229
ナワノリ　120-121　→ツルモ
ナン＝ナンタブ　楠　234
ナンテン　南天　83-86
ナンバンカンゾウ　南蛮萱草　256,258

カ行

サ行

植物名索引

本索引には種名と属名を収録した.
異名は（　）内に示し，また漢名も適宜併記した.
牧野による新称には，《　》を付した.
図版の説明文は，（　）付きノンブルで示した.

ア　行

本書は『植物一日一題』（一九九八年四月十日、博品社刊）を底本とし、初版本である『随筆　植物一日一題』（一九五三年三月十五日、東洋書館刊）を適宜参照した。

文中の〔　〕は著者による補足であり、〔　〕は博品社版で挿入された注ないしは補足である。

植物の学名等の表記は底本のままとした。

ちくま学芸文庫

植物一日一題《しょくぶついちにちいちだい》

二〇〇八年二月十日　第一刷発行

著　者　牧野富太郎（まきの・とみたろう）
発行者　菊池明郎
発行所　株式会社　筑摩書房
東京都台東区蔵前二―五―三　〒一一一―八七五五
振替〇〇一六〇―八―四一二三
装幀者　安野光雅
印刷所　株式会社精興社
製本所　株式会社鈴木製本所

乱丁・落丁本の場合は、左記宛に御送付下さい。
送料小社負担でお取り替えいたします。
ご注文・お問い合わせも左記へお願いします。
筑摩書房サービスセンター
埼玉県さいたま市北区櫛引町二―六〇四　〒三三一―八五〇七
電話番号　〇四八―六五一―〇〇五三

ISBN978-4-480-09139-0 C0145